BARCELONA *plein air*

Creació, disseny i realització de Lunwerg editores.

ISBN: 84-7782-491-6
Dipòsit legal: B-3448-1998

LUNWERG EDITORES
Beethoven, 12 - 08021 BARCELONA - Tel. 93 201 59 33 - Fax 93 201 15 87
Sagasta, 27 - 28004 MADRID - Tel. 91 593 00 58 - Fax 91 593 00 70

Imprès a Espanya

BARCELONA *plein air*

Textos

VICENÇ VILLATORO

Fotografies

PACO ELVIRA

LUNWERG
EDITORES, S.A.

Fins i tot el caos de l'univers es va ordenar a través de segons mil.lenaris, i l'harmonia es va edificar a partir de la dispersitat. De la mateixa manera es configuren en el mosaic gaudinià la varietat cromàtica i els suggeriments, que flueixen a través de les formes geomètriques més diverses. Tot arriba a ser coherent si, com en una melodia, les diferents notes s'articulen en un tot.

I això és el que s'ofereix en aquest llibre. Un mosaic variat que es nodreix dels perfils i matisos d'aquest univers que és la ciutat de Barcelona, tradicional, real i dels nostres dies. Una Barcelona els protagonistes de la qual —de carn i ossos o emblemàtics— han estat captats en un inigualable testimoni i reportatge per la mà i la càmara de Paco Elvira. La instantània, que descriu precisament això, l'instant exacte en què allò que és quotidià s'eleva a la categoria d'Història i passa ja a pertànyer a la memòria col.lectiva. Com quan una lluna plena exultant planeja damunt la Pedrera.

Una visió més dinàmica que estàtica, on el protagonista és la mateixa ciutat, el ciutadà, i l'escenari, el carrer mateix. Del mar a la muntanya. Dels voltants mediterranis que abracen la ciutat, al seu cor gòtic i a les artèries principals. Allò més noticiable del reportatge brota dels racons gòtics, modernistes o de les Rambles i dels nous perímetres olímpics.

Vicenç Villatoro acompanya de manera entranyable amb el seu text el camí que mostren les imatges: el batec vital que —tot allunyant-se dels tòpics— ens descobreix la inigualable realitat que aflora de les escenes d'una ciutat lluminosa, viva i canviant a les portes del mil.leni.

LUNWERG EDITORES

Copyright © PACO ELVIRA
Schneider
KREUZNACH
LUPE 4x
MADE IN GERMANY

La ciutat a ple aire és la ciutat de tothom. O de ningú. Les parets no aturen fonamentalment la claror o la pluja, són sobretot els límits de la propietat, com ho són les marjades rurals, parets que no aguanten cap sostre, però que separen. Tenir entre parets. Fora de parets, deixar de tenir. I les ciutats són la barreja de dins i fora, de possessions i concelebracions, d'aires privats i aire compartit que es barregen a les finestres de les façanes. Hi ha una Barcelona de les façanes perquè hi ha dues Barcelones més, la dels mobles i els paviments geomètrics, la dels buits de passeig i de trobada. La Barcelona a ple aire representa que és mediterrània. Bé, nord-mediterrània: d'allà en avall, allò que no és d'algú és de ningú, rarament de tothom. En avall, la primera persona del plural no sol regir en els verbs de possessió. Barcelona —i Itàlia, i la Provença, i pocs llocs més— és a la frontera entre el singular i el plural, allà on les coses que no són només teves pot ser que siguin comunes. Hi ha una Barcelona de tots, un a ple aire que és més enllà de les vedrunes urbanes que delimiten propietats. La ciutat a ple aire és la que fa servir tothom i pot ser la que és de tothom. Un risc: que, entre ser la de tothom i ser la de ningú, aquesta ciutat a ple aire esdevingui la propietat del Príncep. De qui mana, vaja.

Un amic que no s'acabava d'estimar Londres, tot i haver-hi viscut llargament, em deia: els parcs són el sistema que tenen allà d'evitar el despoblament. En un clima plujós i hostil, amb una densitat urbana intensa i extensa, els parcs londinencs serien el contrapunt imprescindible, una il·lusió de naturalesa intocada, un refugi. Si no tinguessin el sobreeixidor visual dels parcs, el descans anímic de les planes de gespa urbana, no hi hauria qui els aturés: els londinencs fugirien imparablement cap al sud. Sense parcs, segons aquesta caricatura, no existiria Londres per manca de matèria primera humana. Potser per això, al nord els parcs són més bosc que jardí, un simulacre de naturalesa preservada i virginal que exigeix extensió, horitzó. A Barcelona no. A Barcelona, mediterrània, càlida, d'un amable aire lliure, els parcs són plaça o jardí, no pas els fòssils d'una natura prèvia, sinó les decisions que construeixen una ciutat, artificioses com tota la resta. Els parcs són pinzellades, notes, no els cal extensió, ampul·lositat, sinó que els cal sorpresa, abundància, repartir-se i abocar-se per tota la ciutat, desbordar-se, però a glops. En tot cas, els parcs no són l'endolciment imprescindible per empassar-se una ciutat ofensiva, les amarres per evitar la fuga cap al mite camperol i extern. Potser a Londres tampoc. A Barcelona, segur.

La bellesa de les ciutats crescudes en una plana entre el mar i les muntanyes. La bellesa de poder pujar dalt d'un turó i contemplar aquest bigarrament d'edificis que van a morir al mar. Des del turó, la ciutat és una oferta: mira tot el que et donaré..., «Tibi dabo...» Hi ha un sentiment de possessió, de domini, però també de distància. En una de les seves cançons més malenconioses, Loquillo dibuixava un personatge —com l'heroi d'una pel·lícula americana, alguna mena de «Rebelde sin causa»— a mig aire del Tibidabo, en un Cadillac mal aparcat, bevent o havent begut, fumant o havent fumat, compartint o havent compartit el seient de darrere amb una rossa mentre en desitjava una altra. Abans que el sorprengui la sortida del sol, dóna les seves coordenades:

Y ahora estoy aquí sentado
en un viejo Cadillac, segunda mano,
bajo el «Merveyé»; a los pies, mi ciudad.

Bellesa a tota hora del dia i de la nit de tenir la ciutat als peus, bella i llunyana, pròpia i distant. Paisatge malenconiós? Depèn dels ulls que se'l miren. És allò que explica Vázquez Montalbán: gairebé des del mateix lloc on tenia el Cadillac aparcat el James Dean de Loquillo, l'inefable Pich i Pon, antologia del disbarat amb potes, va dir allò de «Quanta propietat urbana!».

Era volar per primera vegada. Per a moltes generacions de barcelonins o de visitants de diumenge a Barcelona, l'avió del Tibidabo va ser la cosa més semblant a volar de tota la seva vida. Aquest no ha pujat a cap més avió que el del Tibidabo. És clar que l'any 1928, quan va començar a donar voltes, un avió devia ser encara un objecte exòtic, excepcional. Les atraccions no eren encara allò que han arribat a ser: un ensurt violent, una sotragada d'emocions fortes, passatges pel mig del terror més versemblant, dinosaures esfereïdors, muntanyes russes com no n'hi deu haver a les llargues estepes siberianes... Llavors, per atreure n'hi havia prou amb autòmats animats i meravellosos, atraccions de fira d'un Macondo solar i barceloní. Més endavant, potser, els miralls deformadors com els que van suggerir a Valle Inclán la definició de l'*esperpento:* engreixar-se i aprimar-se, de vegades simultàniament, fins a la caricatura. O la violència desfogadora dels autos de xoc, declarar-se o barallar-se embestint. Però sempre la il·lusió de l'avió, el resum del Tibidabo, la il·lusió de volar perquè, al cap i a la fi, des de dalt del Tibidabo Barcelona també era una maqueta, una ciutat de Liliput, una presència llunyana allà baix. Com des de dalt dels altres avions. Els de veritat? Gosaria dir algú que els altres són més de veritat que aquest?

TIBI
FRESH
Gelats
Helados
Frigo
TIBIFRESH
APOLO

Barcelona no ha fet gaire cas a una de les consignes de l'Oda de Verdaguer:

> *Geganta que tos braços avui cap a les serres*
> *estens, quan hi arribis demà, doncs, què faràs?*
> *Faràs com heura immensa que ja abrigant les terres*
> *puja a cenyir un arbre del bosc amb cada braç.*

Potser perquè alguna de les serres que veia Verdaguer, avui ja no la veiem; han quedat tapades, engolides, per l'heura d'una ciutat que, per ciutat, sembla plana uniforme. Però fa la sensació que Barcelona s'atura quan vénen les pujades de la Font del Racó, de l'avinguda del Tibidabo, de la carretera de Vallvidrera. Davant del bosc, de la frontera amb el miratge de la naturalesa primigènia —si més no, aquí— no s'escapa ni es desborda, sinó que envia les seves avançades residencials, modernistes o modernes. Torres i xalets imponents, senyorials, una mica lúgubres, cases encantades de sostres brillants i balustrades mediterrànies damunt de la ciutat. Barcelona no gosa avançar gaire més, cap a la carretera de les aigües, les torres benestants que senyoregen l'horitzó de la ciutat. Barcelona no, però els barcelonins, sí. Avancen en cotxe fins a la punta de la talaia, pugen ciclistes en un esforç gratuït i esportiu, corren nois i noies amb samarretes solidàries, walkmans autistes i gossos immensos. A la porta del bosc, només cases encantades del tombant de segle. La ciutat s'hi atura. No els ciutadans, amb calça curta i una tel·lúrica nostàlgia dels boscos. Ells són l'heura verdagueriana.

La ciutat esquiva els murs de Collserola pels punts de fuga dels rius, estirant-se cap al Besòs per la Meridiana, cap al Llobregat per la Diagonal. Però, per damunt de Collserola, escala la serra cap al Vallès pels vells camins medievals de Vallvidrera i l'Arrabassada, per anar a trobar Sant Cugat, i a partir d'aquí Terrassa i els camins de Manresa i les planes de l'interior. Són dues portes difícils, dues carreteres de revolts entre verds, sobtadament humides, amb raconades feréstegues a tocar mateix de la ciutat. És, això ja és clar, el veritable port de Barcelona, a banda i banda dels turons, sobretot quan baixen cap al Vallès per les Planes i la Floresta. A dalt, cavalcant per l'*skyline* de Barcelona, allò que et sobta és la soledat i la mida d'aquells volums que mai no deixes de veure des de baix. Hi ha una sorpresa d'escala: la robustesa de la torre de Collserola i dels cables que la subjecten, com un globus abans d'enlairar-se. La robustesa també del Tibidabo. Aquest itinerari per la cresta de la serra és la descoberta d'una arquitectura recreativa del tombant de segle, de fugides benestants cap a la natura. Vallvidrera és el mite del bosc. Domèstic per pròxim, no per domesticat.

> *Ai boscos de Vallvidrera,*
> *quines sentors que m'heu dat!*

Collserola és un mirador sobre Barcelona.
Però és també el parc i el bosc,
la quota de natura i d'oci que correspon a la ciutat.

The Collserola range gives a fine view over Barcelona.
Furthermore, it is the city's
park and wood – its quota of nature and leisure.

De dia, la ciutat als peus de la muntanya fa una certa sensació d'ordre espès, reticulat, organitzat pels carrers que baixen a mar i que es va perdent quan s'arriba a la frontera amb el verd.

By day, we see the city as a dense, orderly entity organised around the streets that run down to the sea, and that gradually peter out when they reach the mountain's greenery.

De nit, Barcelona és una mar de llums immediatament abans d'una mar de foscor, inevitablement caòtica, amb la torre de Foster com un pal de paller a la moderna.

By night, Barcelona is a sea of lights full of disorder that stretches out towards a sea of darkness with Foster's tower as an erect symbol of modernity.

Els bancs sinuosos del Parc Güell sempre són plens. Monumentals, però útils.
Turistes més o menys lànguids hi escriuen pàgines del dietari mediterrani. És el nostre màxim exotisme.

The sinuous benches of the Parc Güell are always full – a monument to utility. Tourists linger here to write pages of their Mediterranean diary. Do we possess anything more exotic than this?

El drac del Parc Güell és la màxima expressió d'aquest bestiari brillant i amable de trencadís
que va inventar Gaudí per a la ciutat i que n'ha esdevingut la bandera.

The Parc Güell's dragon is the best example of the friendly, shining jigsaw zoo
that Gaudí designed for the city and that has become its hallmark.

L'emblema de la Barcelona nova —no de la novíssima, de la nova, de la que va créixer amb l'impuls del tombant de segle— hauria de ser el trencadís. Aquesta mena de mosaic modernista fet de fragments trencats de ceràmica brillant que dibuixa bancs de passeig, sinuositats i escultures del parc Güell, detalls de façanes de colors. Hi ha en el trencadís una alegria meridional i barroca, arabitzant, que exigeix una atmosfera clara i una llum potent i noble. Les fotografies del trencadís sempre queden més bé amb el fons d'un blau intens i amb un sol primaveral contra les blancors de rajola esmicolada. Però el trencadís també té alguna cosa de popular, com si estigués fet de materials aprofitats, una estètica estalviadora de pati menestral, d'eixida amb geranis. El trencadís és ceràmic, és brillant, una mica infantil, d'una alegria primària i solar, directa. S'avé com un guant a la sinuositat dels bancs imaginats per a una ciutat rodona, vegetal, floral. Hi ha en el trencadís una ingenuïtat autèntica, no gens artificiosa ni fingida. En el modernisme barceloní el trencadís és una bandera vital i tel·lúrica, una explosió de llum contra les negres austeritats castisses de la fi del segle. Més per començar un segle que per acabar-ne un altre, amb el trencadís Barcelona es proclama una capital lluminosa. I, per tant, optimista.

Les columnes del Parc Güell tenen trampa. De lluny, semblen d'una sòlida regularitat neoclàssica. Des de dins, hi descobreixes l'asimetria barroca d'un espai sense regles.

There is a trick attached to the pillars of the Parc Güell. From a distance, they seem to be typical neoclassical regularity – but once inside, we discover the baroque asymmetry of a space lacking rules.

M' agradaria veure'n fotos d'abans. Hi ha llocs on el parc, el jardí són per concepte el paradís preservat. Però en d'altres són l'oasi construït. M'agradaria veure fotos de la Creueta del Coll abans del parc. No costa d'imaginar-ne la desolació. L'endevines en les parets abruptes d'aquest cràter artificial, d'aquest forat de pedrera, de muntanya buidada pel mig. I un cràter evoca, en la imaginació, un bassal o un oasi. És el que hi han fet: una piscina amb palmeres, és a dir, un oasi. Una piscina capriciosa, juganera, un amfiteatre natural amb aigua a l'escenari, amb bancs per a la gent gran com a graderia. A l'estiu, hi fan cursets de natació. És la fórmula: una mica de verd, un tros de ciutat robada a la inutilitat, una sensació de servei, una mica d'aigua, una escultura. Es barreja, s'omple de nens, i en surt un parc. El de la Creueta és especial. L'aigua s'hi multiplica. L'escultura és un Chillida impressionant, neolític, amagat al racó més abrupte, inaccessible, com un fenomen de la naturalesa. Als turons que la ciutat ha anat envoltant, que la ciutat ha escalat a mitges per totes bandes, de carrers de pendent i cases baixes, cada cim és un parc, d'una manera o altra. A la Creueta, el més difícil, un oasi. Al Carmel, al Guinardó, al Turó de la Peira, al Putxet, uns illots de verd per damunt del nivell de l'ocupació humana, com una posició assetjada, com el que resta d'una carena submergida.

A la Creueta del Coll, s'ha fet un oasi on hi havia una pedrera.
Només l'escultura neolítica de Chillida ens recorda
la força abrupta i primigènia d'aquest espai entre palmeres.

They turned the quarry at Creueta del Coll into an oasis.
Apart from Chillida's neolithic sculpture nothing reminds us of the
rough, primal origins of this palm-strewn space.

Com el Parc del Laberint, en les pàgines anteriors, molts jardins senyorials han esdevingut reserves verdes per a la nova Barcelona. Petits paradisos privats que han obert les portes. Però la ciutat també ha inventat els seus espais nous: els mistos, l'escultura de Claus Oldenberg a la zona de la Vall d'Hebron, en són potser el símbol més enginyós.

Just as happened with the Parc del Laberint on the previous pages, many big house's gardens have become the green lungs of the new Barcelona. Little private paradises whose gates have been flung open. But the city has also created new spaces, and Claus Oldenberg's statue «The Matches» in the Vall d'Hebron area may well be their most artful symbol.

Tot jardí és una representació del Paradís. No del paradís en minúscula, sinó del Paradís original i final, el «jardí de l'Edèn», el lloc feliç d'abans i després del pecat, fet a la mida de l'home tal com és, a la mesura humana. El Parc del Laberint és l'enciclopèdia del jardí, el jardí perfecte. Per tant, una idea del paradís. O dels paradisos, perquè al Laberint d'Horta s'hi barregen els dos jardins, que remeten als dos paradisos. D'una banda el neoclàssic, és a dir, el renaixentista, el que mira a Itàlia i i per tant el que mira al món clàssic, Roma i Atenes, potser els ressons de Babilònia recuinats per Alexandre, però passat tot per la memòria bíblica del paradís d'Adam i Eva. És aquest un jardí de balustrades i templets, d'estàtues de marbre, de referències mitològiques. De l'altra, el jardí islàmic de fonts i surtidors, l'arquitectura arabitzant, la imatge de l'Alhambra, el jardí d'Al·là, sensual de verdor. Tots dos tenen una cosa en comú: un jardí és el regne de l'aigua, del murmuri de l'aigua, la font, el riu, l'estany. Una altra cosa: el jardí és un laberint, encara que sigui senzill com ho és aquest:

No es menester el ovillo
que dió Ariadna a Teseo.

Però en definitiva laberint, un pla, un camí, un ordre. El jardí és un ordre més o menys laberíntic. Més enllà, darrere l'última nimfa clàssica i l'última font d'oasi, més enllà del reducte del jardí, el desordre del bosc. I només allà el jardí romàntic.

Moltes de les pinzellades de verd públic enmig de la Barcelona més densa neixen de la pacífica socialització dels jardins de casa bona. Ho seria, en l'extrem, el Parc del Laberint. Però ho són, sobretot, alguns espais menors a Mandri, rere el palau Robert, a d'altres llocs de la ciutat. Si cal un cas exemplar, el de les vil·les Amèlia i Cecília, als límits de Sarrià, una antiga finca senyorial que un carrer i el ritme de la política de permutes han convertit en dues. Aquests jardins particulars socialitzats són el regne del cotxet, la màxima concentració de mares joves per metre quadrat en horari extrascolar. Als barris bons, també cotxets amb minyona, en una escena de sarsuela on només falta algun soldat galant. Arreu, com a satèl·lits dels cotxets, alguns dels seus antics clients més recents, que es persegueixen en eterns jocs d'acuit a amagar. I gossos. I alguna parella escadussera i entendrida. Però aquests espais burgesos, tranquils i lents, amb so de campanes com a música de fons, solen ser territoris hiperurbanitzats i sobreocupats, plens de camins i caminois, veritables autopistes i pàrquings de cotxets, circuits dels cotxets recorreguts en totes les direccions, però no a totes les velocitats. Bancs i tobogans, palmeres i flors, però sobretot cotxets. L'ajuntament hi ha posat escultures. Només hi són per retratar-les.

Al Parc del Castell de l'Oreneta funciona aquest trenet els matins de diumenge. Un factor més de l'aire de retrobament infantil que té aquest parc, i potser tots els parcs.

On sunday mornings, this little train runs in the Castell de l'Oreneta park. It is one of the many elements in this park that bring back our childhood – do all parks have this quality?

3

Renovar una ciutat és també renovar-ne els monuments. L'onada olímpica ha portat la proliferació, amb fortuna diversa, de treballs escultòrics, sobretot als barris amb més dèficit monumental.

When a city gets a facelift, the monuments have to be renovated too. Olympic fervour cast a sprinkling of sculptures – some of them fine works – around the city, with special emphasis on the neighbourhoods where they were lacking.

La Sagrada Família, al mig de l'Eixample, ha esdevingut símbol de la ciutat.
Les seves torres també en poden ser l'observatori.

Right in the middle of the Barcelona's grid-pattern Eixample district lies the Sagrada Família,
one of the city's emblems. The towers give a good view of the city, too.

Per cadascú la infantesa és alguna cosa exacta, algun color o algun gust precís. Vinc de Pedralbes i em trobo la infantesa. Una rebuda de garrofers, l'olor dolça de les garrofes escampades per terra. Evidentment, els pins, això ja és més normal, de sempre, amb més prestigi. I alguns xiprers de jardí solemnes, retallats, que marquen un camí de sorra arrossegada, una sorra gruixuda, granelluda, blanca i negra com un granit revellit i estovat. Per un instant, tot entrant al parc de l'Oreneta, un garrofer i una font, un camí de sorra cap a una casa esgrogueïda, això és la infantesa. És a dir, és el parc de la Misericòrdia, a Canet, llançar-se dimonis dels xiprers, xumar a la font de ferro on cal bufar perquè ragi, retrobar allò que explicava l'avi: després de la guerra, les garrofes com aquestes ens les menjàvem, en fèiem xocolata... I aquí és on t'adones que, és clar, Barcelona al cap i a la fi és el Maresme, una ciutat entorn d'una riera que baixa de les muntanyes. Que abans de conquerir tota la plana això devia ser també un paisatge de «turons de pins i vinyes, pols de rials». Per un instant, enmig de Barcelona, el retrobament amb una infantesa no gens barcelonina. Un instant després, uns bancs de fusta gastada, una carretera amb ciclistes, uns nois descalços que xerren i juguen a pilota. Un parc contemporani. Però hi ha hagut per un instant la màgia de sucar pa de pessic a la til·la. Per algun lloc hi ha d'haver eucaliptus, tot i que ara no els veig.

Són les places d'un poble de bona gent. Enmig del vitalisme d'una Gràcia popular i menestral, juvenil, però també de la calma tòrrida d'una vila de províncies el diumenge a la tarda, les places són un quadrat senzill i estricte, potser massa senzill i massa estricte. Això és un barri, en el sentit humà del terme. Però encara més és una vila. Pels carrers hi ha un tràfec animat i meridional, arreladíssim: no és estrany que existeixi un patriotisme gracienc. A les places, aquesta efervescència reposa. Són places per llegir-hi el diari i explicar-s'hi la vida. Desendreçades, barrejades, com el món. La bona gent s'hi passeja, hi treballa, hi descansa amb la pressa d'un parèntesi, es deixa anar en una festa major que mereix l'adjectiu tradicional de *lluïda* —irònic i entranyable, a mitges— o en l'esclat juvenil i revoltat d'unes nits que recorden la vella campana republicana i anarcoide. A aquesta bona gent, tan normal, tan familiar, sembla que li puguis demanar de tot menys èpica, menys literatura. I resulta que, al contrari, aquí hi ha una de les màximes concentracions de literatura de la ciutat: en els noms mateixos dels carrers i les places: Plaça del Sol, carrer de la Perla, Plaça del Diamant... El millor món de la millor Rodoreda. El títol de la novel·la extraordinària que no es podia dir *Colometa*, hauria estat massa tou, massa falsament edulcorat, i es va dir *La Plaça del Diamant*, que té més arestes, més duresa. Ja és això: el món dolç d'aquestes places pot ser èpic rere la màscara de normalitat. La bona gent de Gràcia pot ser també protagonista de les grans passions.

Les places i els carrers de Gràcia —de noms evocadors i poètics— tenen un aire popular d'alegre menestralia. No ens sorprenen quan es deixen ana,r per la Festa Major, amb disfresses de colors.

Gràcia's squares and streets, with their poetic names so full of feeling, have a happy atmosphere of the day-to-day. You feel no surprise when they let go in their colourful costumes during the District Festival.

El calendari i allò que els sociòlegs anomenen la cohesió social, la força interna de la vila o el barri, la seva personalitat, han fet que les festes majors de Gràcia o de Sants siguin la millor memòria dels temps que eren pobles. Una pre-Barcelona.

The calendar and what sociologists call social cohesion (the internal strength of a town or a district, the area's character) ensure that the District Festivals of Gràcia and Sants are the best reminder of when they used to be towns, before being incorporated into Barcelona.

A L'ESTIU, GRACI

Hi ha una mitologia gòtica de finor i austeritat que es podria il·lustrar amb el silenci de la plaça del monestir de Pedralbes. No és ben bé l'arquitectura. Potser les llambordes, excepcionalitat medievalitzant, signe d'antigor. No l'església, rotunda, quadrada, segons com un xic rural. És l'atmosfera, tots els arbres i totes les plantes al voltant de la plaça, els salzes, les buguenvíl·lees, fins i tot un taronger. És la sorpresa de trobar una illa gòtica, callada, monacal, en el paisatge burgès d'un tros de Barcelona tota contemporània d'ella mateixa. És entrar i trobar el claustre i veure les monges i endevinar en tot això una excepció closa de mató i licors dolços. És una illa, la bellesa de les illes, dels mons tancats que són el món. S'ajunten a la plaça joves de casa bona amb gossos manifestament ensinistrables, parlen en castellà d'unes vacances a Eivissa i de les virtuts d'unes motos, i t'adones que alguna cosa es trenca. El silenci, és clar. El clima. Perquè potser el miratge gòtic de la plaça i el monestir no estava fet només de pedres. Tampoc no estava fet només de silenci. Era un miratge fet amb paraules, però unes altres paraules. És un miratge verbal, com el de Màrius Torres, un miratge fet de noms: Pedralbes mateix, que rima amb vidalbes. I el nom de la reina Elisenda de Montcada, la que té un passeig «de Sarrià fins a Pedralbes». Un passeig, un monestir i una plaça que semblen fets per poder dir, com el poeta: «Que bonic és el nom d'Elisenda». El miratge gòtic.

Un Alberti festiu, futurista, havia descobert l'alenada èpica al vol pels aires de Platko, «rubio oso de Hungría», entre samarretes blaugranes i blanquiblaves —de la Reial Societat, ep!— al temps de Les Corts. Sagarra, per saludar el Camp Nou, va afegir-se a la imatge èpica: «Avui de roig de sang i blau de mar vesteixes l'arrogància muscular que excita i embriaga i abraona». Tot plegat devia semblar risible a Pere Quart, quan parlava d'un «temple al culte muscular» o comparava la sortida dels homes cap a l'estadi, cap a les tardes de diumenge de «Carrusel Deportivo» i «Marcador Simultáneo Dardo», amb una croada, amb una expedició militar moguda per fils religiosos, i per tant on es barrejaven l'èpica i la mística. Però fins i tot en aquest sarcasme hi ha un reconeixement: el territori de l'emoció èpica és un rectangle de gespa damunt del qual dos exèrcits uniformats simulen una batalla. La màxima concentració d'èpica que ha tingut aquesta ciutat en l'últim mig segle s'ha donat en aquest Camp Nou poblat de banderes, de determinades banderes, els signes visibles de l'emoció compartida. Tenien raó els poetes, aquells qui acceptaven les regles del joc i aquells qui les caricaturitzaven: aquesta és avui la croada, la batalla, el temple. Aquest voleiar de banderes i ritmar de càntics. En el *plein air* barceloní, la reserva emocional, l'espai de l'afirmació és un Camp que sempre serà Nou, perquè ho diu el nom, i sempre serà un clam, perquè ho diu un himne. N'hi ha gaires més, de clams?

Barcelona no és una ciutat de grans parcs a l'anglesa. És una ciutat de places i jardins, de pinzellades de verd damunt d'una trama compacta. Una ciutat de breus respirs atomitzats.

Barcelona has no enormous English-style parks. It is a city of squares and gardens, brush-strokes of green in a compact weave of streets. A city with tiny little intermissions.

Pels laterals de la Diagonal, amb una mica de capacitat d'abstracció, el ciclista de diumenge pot imaginar-se en una mena de carretera rural, plana i acollidora. Cal que sigui diumenge.

Cycling down the side lanes of Diagonal on a Sunday, the cyclist can let his imagination go and imagine he is on a sort of a flat, welcoming country road. But only on Sundays.

La bicicleta urbana és un signe de civilitat, però a Barcelona les bicicletes són per a les festes.
Una espècie protegida, familiar, cuirassada pels bàndols municipals.

Cycling in the city is the sign of civic spirit, but in Barcelona the bicycle is only for festive use.
A protected, familiar, species shielded against the city gangs.

He de confessar que mai no he aconseguit d'entrar al Parc de la Trinitat. Hi he donat la volta per totes bandes, buscant un trencall secret, un senyal recòndit i amagat que m'hi dugui, però tan sols he aconseguit, en el millor dels casos, rodejar-lo en cercle i, en el pitjor, sortir-ne centrifugat, involuntàriament, cap a Girona, Santa Coloma o Mataró. És clar que és culpa meva: sempre he volgut arribar amb cotxe fins a dins mateix. El truc deu estar a deixar el cotxe i arribar-hi a peu. Però des del cotxe també he volgut fixar aquest espai estrany, aquesta illa de verd i d'aigua envoltada d'asfalt pertot arreu, tan vistosa als mapes i a les fotografies aèries. És com una destinació impossible, inassolible, per tant paradisíaca, una fortalesa sense portes, tota ella muralla. Però com s'ho ha fet la gent que hi ha allà dins? El conte ja està molt suat: han nascut allà o hi van quedar atrapats un dia i no n'han pogut sortir mai més, com els nàufrags dels acudits. Això és el Parc de la Trinitat, l'espai impossible, el buit de dins de la circumferència, l'aprofitament d'un espai immens que només té sentit en el seu perímetre. D'aquesta complicació enorme de carreteres abans en dèiem un scalextric i només n'hi havia a l'estranger. Sortien al No-Do, d'Estats Units o d'Austràlia. Ara és una fantàstica coreografia aèria o potser la muralla que serva la pau i el secret d'una illa inaccessible.

Al plànol, són ratlles. I semblen nascudes al plànol mateix: un angle que es tanca, una figura geomètrica que es completa. En tot cas, una decisió presa des d'una perspectiva sàvia, des d'una distància d'aviador o de divinitat. Ho són, inevitablement, les Rondes, fetes amb una fulla d'afaitar sobre la pell i la carn de la ciutat, geometria vial, planificació feta amb esquadra i aplicada amb bisturí. Ho podria ser també la Rambla Prim, una recta tan recta com les fronteres dibuixades pels tractats internacionals damunt els deserts o les selves. La Rambla Prim és un invent, una ratlla llarguíssima en un plànol, una necessitat geomètrica o matemàtica. Però quan baixa a la terra, la Rambla Prim —no passa amb totes les ratlles dels mapes— agafa cos i gruix i esdevé una mena de parc allargassat, de parc tibat des de les puntes fins a esdevenir una corda verda i activa, plena, alguna cosa més que una autopista urbana, alguna cosa més que un escenari buit. D'una banda tiba el mar, com un *pondus* de teler, però també la memòria tràgica del Camp de la Bota. De l'altra, la ciutat i les seves vies. Les Rondes, és clar, són una altra cosa, serveixen per a una altra cosa. La Rambla Prim, perpendicular al mar, travessant una ciutat contemporània d'ella mateixa, podria haver estat el carrer major d'un experiment de Brasília. Ha decidit ser un parc de tres quilòmetres, més que una Rambla.

En alguns espais nous, com la Rambla de Prim, el que podia haver estat la ciutat dels cotxes, l'urbanisme de la velocitat, ha deixat un espai per a la ciutat de les persones.

Some new spaces – and the Rambla Prim is one – that could have been left to the motorcar – high-speed town-planning – have left room for the people's city.

Als barris més nous, els espais verds hiperurbanitzats i pràctics van ser una reivindicació veïnal bàsica. Ara són veritables circuits i pàrquings de cotxets.

In the newest districts, the population demanded practical open spaces with proper amenities. Nowadays, they are circuits and parking-places for baby-buggies.

Al mig del Nus de la Trinitat, com una illa a l'inrevés, com la reedició literària del mite de Robinson, hi ha un parc sorprenent, gairebé inaccessible. Gairebé una metàfora.

There is a strange, almost inaccessible, park right in the centre of the Trinitat Junction – an island in reverse, a sort of a new, town-planning edition of Robinson Crusoe.

Com és la seva obligació, la Rambla del Poble Nou baixa cap a mar. Una Rambla de poble, en el millor sentit, com les del Maresme: s'atura un moment davant del Casino de l'Aliança i va baixant per entre botigues, terrasses i plataners. Però hi ha una diferència. Les rambles del Maresme s'aburgesen en acostar-se a mar. Han començat com a rials de terra, passen a l'asfalt més endavant i acaben en lloses i rajoles entre bancs i Bancs a l'últim tram. Aquí passa a l'inrevés, la Rambla es proletaritza, el tros de terra és al final. I és que la Rambla del Poble Nou baixa cap a mar —ja es veu en els seus usuaris de diumenge— però no hi arriba. O, més ben dit, no hi arribava: quedava deturada davant de barreres insalvables i la platja no hi feia de platja. Això ha canviat. I el Poble Nou ha canviat i la Rambla acabarà canviant. Ara la Rambla no arriba a mar, però desemboca en un pont, no pas en un obstacle. Desemboca en un parc senzill, marítim, de pinedes i ginestars, travessat per camins de fusta que connecten racons plàcids i discrets anant cap a la platja. Un parc d'ondulacions sorrenques, minimalista, que gairebé no semblaria parc sinó maresma si no fos perquè la geografia urbana ho fa inimaginable. I, és clar, perquè els camins de fusta i la ferralla nàutica esdevinguda escultura, treta de context, remeten a la mà i al pensament de l'home. Enllà d'aquest pont, la Rambla arriba definitivament a mar.

En la construcció d'aquesta nova Barcelona que pot aspirar a ser mítica hi ha macropolítiques i micropolítiques. Hi ha grans decisions estratègiques —obrir la ciutat al mar, apostar per nous centres— i hi ha pinzellades en un triangle de terreny perdut, escultures en una plaça de barri, opcions curioses per singularitzar un tros de carrer. Un parc com el del Clot, per exemple, en la trama espessa i confusa d'un vell barri popular, té l'eclecticisme fronterer entre el macro i el micro, entre l'estil i la utilitat, entre l'aposta il·lustrada dels qui manen i la necessitat pràctica dels qui demanen. Mig parc del Clot és un parc romàntic, en la mesura en què les ruïnes són romàntiques. Sembla una vella cartoixa abandonada, mig caiguda, un paisatge fantasmagòric de llegenda de Bécquer. No és una abadia medieval, sinó els tallers d'una antiga estació de tren, però tant se val, les ruïnes de les velles fàbriques, arcades i xemeneies també són romàntiques a hores d'ara. En aquest tros de la Manchester catalana, això és un homenatge imprescindible. Però l'altre mig parc és una pista poliesportiva immensa, oberta, i un alineament d'arbres i bancs absolutament convencional. Mig parc és per sortir als catàlegs, l'altre mig per jugar-hi. La suma, l'eclecticisme. Disseny i utilitat. Macro i micro. I el vuitanta per cent dels clients, al parc banal que no surt a les fotografies de les guies.

Per esponjar la ciutat, per poder-hi passejar, fins i tot les velles fàbriques han esdevingut parcs.
A la pàgina següent, un exemple d'arqueologia romàntica i fabril al Parc del Clot.

When making openings in the city so that you could walk around it, parks were even made of old factories.
One example is shown on the following page: industrial, Romantic archaeology in Clot park.

Posar-te al mig de la Plaça de les Glòries, ben bé al seu centre, exigeix una certa arrogància. En una certa contrarevolució copernicana, al mig de la plaça et sents al centre d'una mena de sistema solar en el qual els cotxes, a totes les alçades, en totes les direccions, descriuen òrbites al teu entorn, satèl·lits i asteroides de tu mateix. O, per no alimentar tant l'orgull humà, et saps al mig del sol cremat i tòrrid d'aquest sistema de cercles i elevacions que no paren de donar voltes, que no s'estan mai quiets. Si no fos per aquest brunzir circular de cotxes, la Plaça de les Glòries —el centre de la plaça, vull dir— seria un espai banal i tòpic: les mares contemplant de cua d'ull els gronxadors, l'exèrcit habitual de coloms, els bancs que busquen també el cercle, les àrides alzines. Són els cotxes els qui donen una especificitat, una raó a la plaça. I és una raó tan evidentment astronòmica —un sistema solar—, tan geomètrica, de cercles i òrbites, que han posat al centre de la plaça un monument mineral i conceptual a la mesura del meridià terrestre entre Dunkerke i Barcelona al segle XVIII. Amb la ciutat disposada en setge al seu voltant, la Plaça de les Glòries és una plaça astronòmica. Una simplificació de l'univers. Un sistema. Gairebé una cosmogonia, fins i tot moral: al cap i a la fi la plaça s'organitza entre el cel de peatge del pàrquing voluntari i l'infern tenebrós del dipòsit municipal, on descansen els cotxes incautats per la grua.

Quan, del Vallès estant o des dels carrers perpendiculars de Barcelona, mires la torre de comunicacions de Foster damunt de la cresta de Collserola, penses que si allò és allà és que hi havia de ser, que devia fer falta. Vull dir que no hi ha res en la torre que faci pensar en un caprici estètic, en una exhibició gratuïta, artística o tecnològica. Ni tan sols cap sospitosa senzillesa artificial, cap intent de convertir-la en una escultura immensa de línia neta, estricte concepte. Tampoc cap desig, inútil i ridícul, de dissimular-se, de fer veure que no hi és, de fingir una impossible naturalitat. Calia una torre i es va fer una torre. Esvelta, punxeguda, perquè calia que fos alta i no feia falta per res que fos massissa. Potser per això, per aquesta sinceritat funcional, la torre de Foster ha aconseguit semblar normal, lògica. No fa nosa. La seva forma caricaturitzable de xeringa només va merèixer algun comentari molt al començament. La torre de Foster ha estat metabolitzada pel paisatge, s'ha fet paisatge, i del Vallès estant ha convertit Collserola en el parc central o la plaça major d'aquesta gran ciutat que s'estén a banda i banda. Era el que volia? En tot cas, no ha esdevingut monument, no és un símbol, no identifica la ciutat. És allà dalt, entre el verd de Collserola, amb la força d'un imperatiu categòric, de ser-hi perquè hi havia de ser. I prou.

La torre de Collserola, la torre de Foster, la xeringa... Es veu des de qualsevol carrer de la ciutat perpendicular a la mar. S'ha adaptat amb naturalitat al *sky line* barceloní.

Collserola tower, Foster's tower, the syringe: any street running up from the sea gives a view of it. It has taken to Barcelona's skyline with great ease.

L'aire lliure és, avui dia, el territori de l'esport. El parc d'avui és l'estadi, no pas el jardí o el bosc. Més que l'estadi, l'alineació de pistes de tennis sense graderies, el camp de futbol de lloguer, el terreny ocupat per l'esport compartit, dotat de sentit per l'exercici. A Montjuïc, camí de la Fuixarda, els desnivells de les pedreres i les carreteres han estat conquerits per les pràctiques dels escaladors, que grimpen per sorpresa rere un túnel, més enllà d'un revolt. La Ciutadella és, de fet, per damunt de tot, un circuit de footing. Però és a la Vall d'Hebron —que poc s'assembla a la veritable Hebron!— on ha esdevingut més obvi: aquí l'espai lliure, el parc, el jardí, és l'espai d'intersecció entre les pistes esportives. I l'esport acaba ocupant fins i tot les interseccions. Els camins pavimentats són pistes de skating. Els parcs infantils, pistes americanes per a una gimnàstica aventurera. La Vall d'Hebron —i també Can Dragó, un altre exemple— és un parc modern, organitzat i articulat per l'esport, un espai de maceració de les pistes i els monuments esportius. Entremig, canyissars de riera, palmerars indians, miradors que són en definitiva graderies, espais lliures tapissats de la gespa artificial dels estadis. És el territori de l'esport diguem-ne fraternal, quotidià, massiu. El territori del petit esport. Se'm dirà que això va així, que l'esport és el que articula, perquè aquesta batzegada l'ha feta Barcelona al ritme d'uns Jocs Olímpics i no d'una Exposició. Sí. Però també perquè l'esport és el llenguatge de l'època, l'eix del nostre espai i del nostre temps, el nostre sinònim d'aire lliure.

Les fogueres de Sant Joan s'encenien, a la infantesa o a la perifèria, als llits eixuts de les rieres, als solars oblidats i terrosos, als descampats dels límits de les ciutats. On fer una foguera de Sant Joan en aquesta Barcelona plena, densa, visiblement vulnerable al foc, combustible? Doncs per exemple al Parc de l'Escorxador, a l'esplanada buida que presideix una suposada dona amb ocell mironiana envoltada d'aigua, a una certa distància del palmerar i l'arbreda que han inspirat l'àcida ironia del barcelonòleg Josep Maria Huertas: «Ha semblat sempre més un majorista de plantes de jardí que un parc públic». Potser perquè té un nom antipàtic, potser perquè té un cert aire d'experiment ingenu precoç, d'aquells que paguen les *novatades*, potser perquè els vint metres llargs de Miró al·legòric no tenen una lectura fàcil i es presten a acudits fàl·lics, hi ha alguna cosa fallida en aquesta plaça. Però no del tot. La gent la fa servir. El Miró és un símbol de mal interpretar, però de bon reconèixer. I s'hi poden fer fogueres per Sant Joan. No se'n poden fer arreu. Té un cert valor, això. I, a més, a la llum de les fogueres del solstici d'estiu, la «Dona amb ocell» mironiana agafa un aire màgic de siurell gegant, de deessa talaiòtica i marítima, incomprensible però imposant.

Els barcelonins saben que el carrer és seu i necessiten poques excuses per ocupar-lo, ja sigui per fer un rècord de participació a la Cursa o per veure pujar castells a la plaça de Sant Jaume.

The people of Barcelona are aware that the street belongs to them, and they need no encouragement to make use of it – whether in getting record numbers to take part in the Marathon or to see human castles being built in Plaça de Sant Jaume.

Cursa El Corte Inglés
Km.
1
El Corte Inglés
El Corte Inglés
El Corte Inglés
El Corte Inglés
El Corte Inglés

San Miguel
San Miguel

Els gegants passegen per la Rambla. L'aparador més exòtic i més cosmopolita de la ciutat pot ser també el carrer Major per a la cercavila més tradicional, de tota la vida.

The giants on a stroll down the Rambla. The city's most exotic show-place is also a good place to hold our most traditional, best-loved procession.

Barcelona no és una ciutat amable per als ciclistes quotidians. Potser per això, de tant en tant els crida en trobades multitudinàries i diades de bicicleta perquè li ocupin provisionalment els carrers.

Barcelona does not treat the working-day cyclist well. This may be why it occasionally calls them out on huge bicycle outings to take over its streets.

La festa mediterrània contempla sempre el foc. Des del Correfoc de la Mercè fins a la imaginació dels Comediants, els carrers de Barcelona han volgut olorar la pólvora dels diables.

A Mediterranean festival always includes fire. Whether it is the Mercè festival's fiery procession or a show by Els Comediants, the streets of Barcelona are well used to the smell of the Devils' gun-powder.

Les ciutats cicatritzen les seves ferides. També arrodoneixen les seves arestes, desgasten els talls més cantelluts, acaben harmonitzant —o simplement suportant— la violència dels xocs. A les ciutats antigues tot ens sembla homogèniament vell, encara que s'hagin construït al llarg dels segles, encara que les peces del trencaclosques estiguin entre elles tan allunyades en el temps com podem estar-ho nosaltres d'una catedral barroca. Hi ha un efecte de sedimentació, d'amorosiment. A la Ciutat Vella li han fet un tall violent, sec, una ferida, amb el ganivet blanquíssim del museu de Richard Meier, capsa d'art contemporani abans d'estar plena d'art contemporani, i les cicatrius són encara roents. Tall d'acer glacial en una antiguitat mantegosa, els límits són abruptes, eixuts, paviments secs per jugar a futbol, pista de patinatge, desert que separa unes coses de les altres i que encara no s'ha amorosit, encara no s'ha fos, plaça de pedra per aïllar el monòlit de blancor. Véns pels carrers estrets de roba estesa i de sobte aquella exageració nòrdica de claredat, aquell iceberg que sura, aquella bufetada blanca, i els nens multicolors de la guarderia del barri que hi caminen al costat subtitulats de noms exòtics. La pregunta és: tan blanc, tan net, sabrà envellir? És a dir, se sabrà fondre?

Com un vell tòtem ibèric, el *Dona i ocell* mironià del Parc de l'Escorxador presideix les festes solars de Sant Joan, a la vegada foguera i revetlla. L'edifici que va fer Maier per al Museu d'Art Contemporani és una ruptura estètica enmig del Raval, una ferida blanca i lluminosa que la ciutat va fent seva a poc a poc.

Like an old Iberian totem, Miró's «Woman and Bird» in the Escorxador park presides over the solstice festival of St. John's Night, with its bonfires and parties. Maier's building to house the Contemporary Art Museum is a clear aesthetic rape of the Raval district: a shining white wound that the city slowly is making its own.

introversions
SERT
The Poetics

Dalt de tot de la Rambla tocava que hi hagués una plaça. Quan la ciutat es desencotilla, quan salta la tanca per ocupar la plana sencera amb la seva quadrícula simètrica, cal una gran ròtula, una peça enorme que enganxi el laberint medieval d'estretors i raconades amb la higiènica i espaiosa urbs planificada. Però Cerdà no la dibuixa, aquesta ròtula. No hi ha plaça, damunt del paper. A les planificacions, la utopia rotulada del XIX. Però la ciutat vol una plaça, com si la plaça fos un imperatiu categòric de la geografia urbana. Així, la plaça de Catalunya neix com una plaça intuïda, endevinada, no pas com una plaça dibuixada, païda, decretada. I, en la intuïció, una plaça no és res, és una negació, un espai buit. Potser per això, perquè la van anar deixant per a més endavant, perquè tan sols la intuïen, a la plaça de Catalunya li ha quedat aquest aire de desert, simètric al desert de la mar, a l'altra punta de la Rambla. Aquest aire d'aridesa deshabitada, plaça per a forasters, descans de turistes, territori de visitants fatigats que agafen forces per conquerir la fortalesa de la vella ciutat romana. Plaça sense aborígens, desocupada, excessiva. Una plaça que no estava dibuixada i a la qual no acaben de quadrar uns dibuixos que sempre semblen fets a posteriori. Una plaça nascuda d'una negació, d'un buit. Una plaça per als de fora.

El tren de Terrassa, el tren de baix, el dels Catalans, ens deixava davant del Zuric, a la porta de la Rambla que baixa cap a mar i les golondrines, a la porta de la plaça immensa. Teníem fins i tot el nostre programa de ràdio, «La comarca nos visita». Baixar a Barcelona els diumenges de sol, des de Terrassa, acumulant una lletania d'estacions prèvies: Peu del Funicular, Sarrià, Tres Torres, Muntaner... I, al final, Barcelona. Narcís Comadira té un poema on explica aquestes vingudes infantils, bocabadades, a la Ciutat:

> *Vista des de Girona, Barcelona,*
> *eres ciutat dels somnis...*

Per molts de nosaltres, la ciutat és la fotografia d'un nen envoltat de coloms al mig de la plaça de Catalunya, el *hall* de Barcelona, el rebedor immens d'una ciutat que quan véns de fora et fa dir amb ironia, però no tan sols amb ironia, allò que deien les àvies: «Que és gran Barcelona!... i encara hi fan cases». Baixàvem davant del Zuric i el món havia canviat d'escala, tot era gran, igual que era gran la plaça de Catalunya, els edificis bancaris i comercials que l'envoltaven. «Fes una foto al nen amb els coloms.» Una mica de menjar i els coloms posaven per a la fixació de la infantesa, però també per a la possessió, al mig de la plaça immensa, de la ciutat dels somnis.

En una Barcelona bigarrada i plena, la plaça de Catalunya és sobretot extensa, majestuosa per la seva grandària: el vestíbol amb el qual la ciutat dóna la benvinguda als comarcans que hi arriben amb tren.

Within the context of densely-built-up Barcelona, Plaça de Catalunya is most noticeable for its great size – the vestibule in which the city welcomes the people of the surrounding counties who arrive here by train.

VITALICIO
UAP
ASSEGURANCES

GRAN HOTEL
CALDERON
BARCLAYS BANK

En una ciutat on els interiors són més bells que les façanes i l'ostentació és un vici social mal vist, el Passeig de Gràcia ha tingut de vegades mala imatge, se l'ha considerat un afegitó pretensiós i artificial a la quadrícula discreta i mesocràtica d'una Barcelona que odia semblar nou-rica. Però quan els temps han portat aires de cosmopolitisme i de glamour, quan una certa sofisticació exhibicionista ha tingut més prestigi, el Passeig de Gràcia ha pujat la seva cotització com a aparador de les riqueses visibles de la ciutat:

Ara veieu si no és cortesia
veure les dames en plàcida via,
totes folrades i amb joies de preu...

És clar, Carner, el noucentisme, s'han d'estimar el Passeig de Gràcia. I fins i tot el modernisme, que mira a Europa, i que hi fa el catàleg de les seves més esplèndides façanes, ostentoses, aquesta vegada sí, brillants, la mançana de la discòrdia, aquesta Pedrera que *El Be Negre* caricaturitzava com un garatge de zèppelins. També la Barcelona olímpica s'estima el Passeig de Gràcia, els aparadors de les botigues, les terrasses dels cafès, florida nova de cafès, terrasses amb estrangeres, per on potser ja no passen les dames enjoiades, però on és possible veure passar les noies més vistoses i distants de la ciutat, descuidadament arreglades per al passeig:

Ara veieu si no és benaurança,
ara veieu.

Fins i tot enmig de la quadrícula atapeïda de l'Eixample, la ciutat agafa aire i agraeix una pinzellada de verd de passeig. Les voreres són amples i els xamfrans, espaiosos. Quan arriba el bon temps, bars minúsculs i fondos de menú amb paella el dijous conquereixen la seva quota de carrer. No són ben bé terrasses, el terme seria massa solemne. Són mitja dotzena de taules platejades que una barrera de cotxes aparcats protegeix del trànsit i del seu soroll. Allà, els beneficiaris de l'horari intensiu o d'aquesta raresa mediterrània de l'horari comercial amb llarga parada al migdia fan cafès amb gel de sobretaula i miren passar la gent normal que va a llocs normals. A les amples voreres de l'Eixample, només del tot geomètric al mapa, només del tot racional per a l'automobilista que n'aprecia l'alternança en les direccions, Barcelona construeix simulacres de bulevard, passejos menestrals i familiars, quotidians, no gens transcendentals. Amb la camamilla damunt de la taula de plàstic platejat, entre botigues i vespes mal aparcades, amb la banda sonora de la música màquina que ve dels cotxes juvenils descapotats, aixeques la vista cap amunt i hi trobes un cel blavíssim, més enllà de sis fileres de balconades de ferro forjat i amb geranis. Arran de terra, passen veïns cap a la feina per davant de botiguers expectants. I encara se saluden.

El cel té a Barcelona una presència fràgil, retallat al damunt d'una trama urbana densíssima. Però a la nit (en les pàgines següents), l'estranya flora gaudiniana l'ha poblat d'inquietants agulles que s'enfilen cap a la lluna.

The sky is to a large degree absent from Barcelona, visible only above the densely built-up streets. But at nighttime (in the following pages) Gaudí's unusual flora can be seen in the form of needles pointing out the moon.

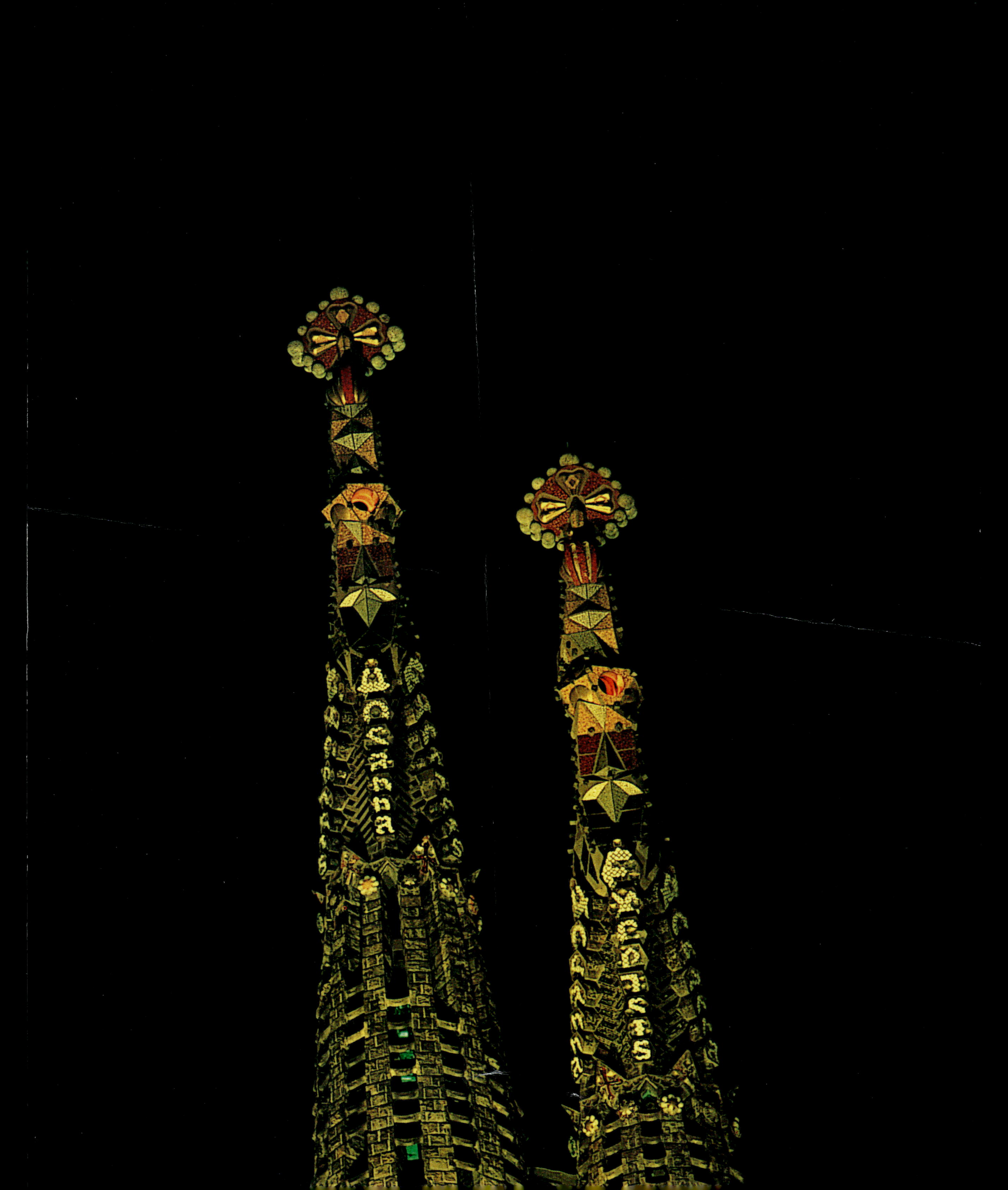

Una obvietat: Barcelona és mediterrània. Una pregunta: de quina Mediterrània? Quan li agafa la passa de qualsevol despotisme cultural il·lustrat, Barcelona —Catalunya— es creu grega. Evidentment, d'una Grècia inventada, ideològica, tota blanca i pulcra. Això va ser el noucentisme. Ha estat també en part la Barcelona olímpica de la línia clara i la senzillesa programàtica. Però quan Barcelona s'ha deixat anar, quan s'ha fet des de baix, ha estat una Mediterrània menys grega i més semítica, més barroca, menys recta. Diu una llegenda que Barcelona la va fundar Amílcar Barca, els cartaginesos, no pas els foceus. Els grecs es van quedar a Empúries. Aquests fundadors llegendaris de Barcelona venien del Sud, de la meridionalitat barroquitzant i carregada. Alguna cosa en deu haver quedat. No és aquesta una ciutat atlàntica ni nòrdica, tot i que en tingui alguns edificis. No és tampoc filla de l'ermot i la Meseta, no hi caben escorials. Barcelona és mediterrània per l'aire i per la claror, però la seva ànima mediterrània és més romàntica que clàssica. Els prínceps l'encotillen de Grècia, de línia austera. Els botiguers —darrere de Cartago hi ha Fenícia— s'abandonen a les corbes i als desbordaments florals. Barcelona és més modernista que noucentista. I en això la bella Barcelona novíssima té un punt d'artificiositat plagiària.

No s'equivoca la gentada que s'aboca al mirador sinuós per descobrir-hi, abans d'arribar a mar, les grues i les torres de la Sagrada Família. No s'equivoca aquesta concentració de viatgers exòtics a la recerca del nostre propi exotisme, lluminós i acolorit, quan ha pujat fins aquí dalt i s'ha aturat a la gran plaça buida, que demana un mercat, i s'asseu en aquests bancs rodons com una pell i hi escriu o hi retrata la nostra raresa. Gaudí —també Jujol, però ells no ho saben— ens fa exòtics, perquè ens fa únics. Aquesta és la nostra excepcionalitat, la nostra follia. El modernisme que tenim està bé, però dins de la convenció modernista. Fa segles que vam enderrocar el romànic ciutadà i el nostre gòtic no tomba d'esquena. La nostra raresa és aquest Parc Güell inacabat, estrany, aquesta esplanada que s'aguanta amb columnes tortes, aquesta vegetalitat alternativa, aquestes dues casetes de conte recobertes de brillantor. És tan estrany el món de Gaudí, endevines tanta força onírica en les formes amfíbies de la seva sinuositat, que has de creure en un pla obscur i misteriós, preconcebut, en un codi secret i una simbologia esotèrica. Però potser és només el doll inacabable del geni estrany, que abomina de la simetria perquè és l'excusa per pensar només la meitat. O potser perquè és la barrera per poder pensar el doble, per poder fer el doble, per aprofitar l'espai el doble. No s'equivoquen, els visitants. Aquí hi ha el nostre exotisme. Potser també un dels nostres resums.

Les places serveixen també per contemplar el poder amb perspectiva. Una plaça és un buit davant d'una façana. Certes façanes exigeixen un buit al davant, un espai per on puguis allunyar-te'n —potser caminant enrere, com davant del Mur de les Lamentacions— per tenir perspectiva, per atribuir-li noblesa o majestat. Les places solen ser davant de les façanes del poder, de les catedrals o dels palaus. En algunes ciutats italianes, de tots dos alhora, com si el cel i la terra competissin per aquest escenari comú, convertit en tauler d'escacs. A Barcelona, Sant Jaume és una plaça al quadrat. És l'espai entre dues façanes contraposades, el lloc per contemplar-les totes dues o perquè es contemplin entre elles. En aquest paral·lelisme de façanes contraposades hi ha l'escenografia d'un enfrontament, sigui quina sigui la variable conjuntura política. El quadrat de la plaça només té dos costats significatius. Els altres dos, que la completen, són de més a més, foradats de carrers, de mal recordar. Aquest tauler d'escacs, amb dos jugadors i tots dos laics, aquesta solemnitat de dos poders alhora, no pot ser antiga, ha de ser de fa un segle i mig, tot i que coincideix amb antigues centralitats romanes i va haver de prescindir de peces eclesiàstiques per fer lloc. La plaça és un desert, una treva, excepte quan l'ocupa la gernació per a les celebracions èpiques. Llavors aquest espai deixa de ser una barrera i esdevé, ple, un pont.

No és aquest un país de palmeres. La palmera, a les eixides de darrere les cases, vora el pou, i potser la pèrgola, a les façanes arreglades amb porxos i terrasses, era indiana. Era el senyal d'una nostàlgia tropical, cases de colors de fruites dolces, paioles blanques i una palmera immensa, solitària com el pal d'una bandera, bandera verda d'una illa llunyana i imaginària. «Divina perla de las Antillas, nunca en la vida podré olvidar...» Ho sintetitzava Sisa a *Antaviana*, millor que les havaneres de veritat —si és que n'hi ha alguna— perquè les resumia totes. Però es veu que les palmeres queden bé a les maquetes i als dibuixos dels arquitectes, no deuen ser cares, deuen sobreviure prou bé en l'hostilitat urbana. I Barcelona s'ha convertit en un palmerar entre l'asfalt, un jardí de palmeres, el símbol d'una nova estètica, palmeres arreu, a dojo. Potser a aquesta ciutat una mica frígida i noucentista li calia una certa tropicalitat, encara que fos només un camuflatge. Potser el sud al qual també pertanyem ha imposat aquesta regla mnemotècnica per fer recordar que també existeix. Les palmeres ja no evoquen només la sesta caribenya d'hamaques i cafè, ara evoquen també l'oasi, l'excepció verda entre l'asfalt, el recer en els espais on res no pot créixer. Encara més oasi entre la sorra de la Barceloneta, allà on Barcelona ha decidit deixar de ser Marsella o el Pireu o Nàpols i substituir la meridionalitat del desordre per l'ordre verd d'un oasi de postal.

Moderadament carnavalesca, la ciutat es disfressa de tant en tant amb un barroquisme mediterrani i colorista. Un carnaval una mica d'estar per casa, en una ciutat que no necessita carotes.

Taking a certain degree of interest in Carnival, the city occasionally dresses itself up in a colourful Mediterranean Baroque. A not very spectacular carnival in a city that needs no masks.

És l'Havana. Potser no l'Havana de veritat, potser la més veritable de totes, la de la memòria i el mite, l'Havana recordada i recuinada a la memòria, la Cuba de les havaneres i les façanes de colors pastel i les palmeres. Des de segons quines finestres la mires, segons quina claror de la tarda li cau al damunt, la Plaça Reial té un aire colonial, com una reproducció d'indians d'un món enyorat i favorable. Potser no és tota la Plaça Reial, només alguns angles. Potser hi ha més Barcelones fetes amb la matèria pastada amb els somnis i la memòria tropicals: cases a Sarrià amb palmeres indianes, els porxos d'en Xifré, tot el que envolta el Born... Però la Plaça Reial s'ha anat convertint en la millor il·lustració d'aquesta mitologia, la planta de mitjan segle passat, els colors i els enjardinaments i els usos que li han anat afegint els anys i les remodelacions. Res que invoqui l'austeritat d'un convent o que en recordi la terra sagrada. Des d'algunes finestres, això és l'Havana, la ciutat del tròpic. Ran de carrer, des dels porxos vigilats per la policia, de bars i *limpiabotas* i gent que no fa res, es tracta tan sols d'una ciutat meridional, al sud fins i tot de Nàpols o de Palerm. Alguna cosa més cap al sud en aquesta gent desvagada que sembla esperar alguna cosa. Alguna cosa més cap al nord en una arquitectura ritmada i racional, francesitzant. Barcelona, al cap i a la fi, lloc d'equidistància. A mig camí de tot. Fins i tot d'allò que es recorda i que potser mai no va existir.

A qui se li devia acudir esdevenir estàtua? ¿A qui li devia passar pel cap per primera vegada que la immobilitat disfressada podia ser una atracció, amb aspiracions de remuneració? A partir d'algun dia, la Rambla va esdevenir galeria de les estàtues, bumerang irònic de la història. Primer, fa molts anys, algú va voler imitar els homes amb pedra. Després, algú va voler imitar la imitació: homes que imiten les pedres que imiten els homes. Només fa falta endevinar el personatge, construir-se una estàtua nova, perquè l'originalitat més gran era el gènere, la idea primigènia, ser estàtua. Això és el que va ser genial, fonamental. Baixant la Rambla, l'aiguabarreig de forasters i autòctons, de trajectes laborals i passejades bocabadades d'alumnes d'instituts exòtics en viatge de final de curs, es travessa una oferta d'estàtues humanes classisitzants, estàtues *comme il faut*, cap modernitat estranya, composicions èpiques de blanc de marbre o daurat de purpurina. Els instituts s'hi aturen al davant —samarretes de futbolistes, texans d'uniforme, gregarisme indumentari juvenil— i contemplen les estàtues com no les contemplarien al museu. Passa una família i fa que la nena petita —no tinguis vergonya, no fa res— deixi cinc duros a la gorra. La nena avança espantadissa pel circ d'asfalt que dibuixa el semicercle d'espectadors. Deixa els cinc duros, l'estàtua fa un moviment brusc d'agraïment, la nena s'espanta i el ramat adolescent —i nosaltres amb ella— s'acaba sorprenent, malgrat tot, que les estàtues es moguin.

LA RAMBLA
ANAYA
LA ENCICLO
DALÍ
JOHN LE CARRÉ
El sastre de Panamá
995 Ptes.

SOUVE
LA VIR
XI 7571

El dia de Sant Jordi, si fa bon temps, posa la pell de gallina. Llibres, flors, símbols, festa... Tot a la vegada, tot al carrer. Un vitalisme lluminós, humà. El millor dia per ensenyar Barcelona a les visites.

If the weather is fine for St. George's Day, the sight is extraordinary. Books, flowers, symbols, a party atmosphere, and all together, all in the street.
A bright, human enthusiasm. The best day to show Barcelona off to your visitors.

Amb naturalitat, sense planificació, la Rambla és una gran fira, com les places bigarrades que ens imaginem als països de les Mil i una Nits: música i acrobàcia, gent que bada, la gran plaça mediterrània.

It is in the nature of the Rambla to be a great big fun-fair, no planning was needed. It is like the busy souks that we imagine in the countries of the Thousand and One Nights: music, acrobatics, staring on-lookers, a huge Mediterranean square.

¿QUIERE SABER
TU FUTURO?
SOLO LA VOLUNTAD

En l'oferta espontània de la Rambla, el gènere més surrealista, més imaginatiu: les estàtues humanes. Van canviant, es van substituint, amb un agraïment robòtic quan hi deixes cinc duros. A qui se li devia acudir?

The Rambla's spontaneous show includes this most surreal, most imaginative one: the human statues. They change, they are substituted by others, they thank you with robotic movements when you leave them some small change. Who ever thought it up?

A la Rambla tot està dissenyat per badar. O millor dit, tot fa badar, encara que res no hi sigui dissenyat.
És la forma més primigènia del mercat, la descendència barroca de l'àgora.

Everything on the Rambla is designed to make you stop and stare. Or to put it better, everything makes you stare
- nothing has been designed. This is the most primitive form of market, the baroque heir to the Greek agora.

montfalcon

PERMERCAT
250

Una ciutat a la qual li agrada el carrer hi fa lluir tot allò que és espectacular. Com aquest Gulliver gegantí, que es va passejar per una versió confiada i somrient de Liliput.

This city enjoys its streets, and it puts all that it possesses out on display there. This giant Gulliver is an instance, on his stroll through this confident, smiling version of Lilliput.

Ballen sardanes a la plaça de la Catedral una tarda de dissabte amb bon temps i una claror tamisada, i això és la imatge d'un mite. No d'una mentida —existeix, és real—, sinó d'un mite, d'una realitat millorada, seleccionada. No serviria, posem per cas, una diada castellera, hi ha en els castells un component èpic, barroc, desendreçat, exageradament dramàtic per a aquest mite, no per a d'altres mites. No podrien deixar d'haver-hi japonesos amb càmeres que retraten les rotllanes perfectes, tibades, es nota que hi ha colles de concurs, al costat de la improvisació alegre de les rotllanes més precàries. Són gent jove, bella. Hi ha un punt d'escenografia, d'escenari per ser contemplat i admirat. És una catedral que sembla gòtica i una plaça sense cotxes i una música repetitiva, melosa, i uns cercles que imiten el sol a la terra, el cercle màgic. Sembla tan obvi, tan clar, tan primigeni, això de ballar en rotllana agafats de les mans, puntejant amb els peus, cercles del sol, sístole i diàstole del cor. Sardanes a la plaça de la Catedral per alimentar un mite de civilitat, joves ballant danses antigues, tradició i vida, paisatge i acció. Una harmonia sense immobilitat. Una benaurança sense tragèdia. Un món feliç. Mite, no mentida.

De vegades, al final el nom fa la cosa. Com que hi ha un barri gòtic, hi ha una ciutat medievalitzant, plàcida, realment gòtica. Una ciutat de dissabtes a la tarda sense soroll i amb sardanes a la plaça de la catedral.

On occasions, the name ends up making the thing. As there is a Gothic district, there is a would-be serene, medieval, truly Gothic city. A city for Saturday evenings where there is no noise, and with *sardanas* in the Cathedral square.

TABAC
ARMACIA

El barri gòtic, record i mite de la ciutat medieval, està fet de racons de pedra i músiques amables.
Més que monumental, és una ciutat agradosa, una modulació alentida del temps.

The Gothic district is memory and myth of the medieval city, with all sorts of stone-built nooks and friendly musicians. Rather than being monumental, it is a good-natured city, a slowed-down time-warp.

Al Portal de l´Àngel, ja fora de les antigues muralles, la ciutat es va eixamplant cap a l´esplanada de la Plaça de Catalunya. Enmig, les parades espontànies dels *hippies* i dels funàmbuls.

In Portal de l'Àngel, outside the old city walls, the city opens out onto the spacious plaça de Catalunya with its spontaneous hippies' stalls and acrobats.

Una ciutat és també un escenari. És a dir, un decorat davant del qual passa una trama, una acció. Per damunt de les grans ciutats ha passat la història. Barcelona ha estat l'escenografia de batalles i reconciliacions, d'ocupacions i victòries. La plaça de Catalunya va ser un camp de batalla no fa gaires anys, poc més de mig segle, però ningú no ho diria. Barcelona no és una ciutat exhibicionista de la història. De la seva com a ciutat, sí: de la creixença i de la transformació. No tant de la història de la qual ha estat escenari, no és una ciutat de làpides i de monuments commemoratius. Per això en la trama bigarrada i antiga del Raval sorprèn el Fossar de les Moreres, un dels pocs espais de la ciutat que remet a allò que hi va passar. Els fets del 1714, la derrota, allò que semblava la fi de la nació, han quedat fixats en aquest paisatge urbà, i les romàntiques peregrinacions de la redescoberta mítica del passat ho han fet revifar. També aquesta arquitectura de mínims, monumentalitzadora, sòbria, que subratlla l'excepció i el seu vincle amb la memòria: al cap i a la fi el Fossar de les Moreres és una coproducció entre el passat i el present, entre el que va passar i el ressò que n'hem construït. Ho diuen els dos versos de Pitarra, d'una continuació empitjorada per la rima consonant:

Al Fossar de les Moreres
no s'hi enterra cap traïdor...

Potser hi ha ajudat la toponímia seca, primitiva, essencial, d'aquest tros de ciutat: Carrer de les Dames, Plaça de les Olles, Fossar de les Moreres. Alguna cosa, aquí, convida a la memòria.

Sota la plaça del Rei hi ha un món. Hi ha un laberint secret de cases romanes, de carrers porxats, de fonaments de muralles i palaus, de factories d'oli d'una ciutat comercial i agrària. Una ciutat invisible, interpretada amb llums per la imaginació dels arqueòlegs, sota la simplicitat de lloses i escales d'una plaça pura i neta. Les ciutats s'han bastit damunt de les ciutats, amb trossos de ciutats velles al seu estómac amagat. A les muralles terraplenades de la ciutat del 300, atemorida o inquieta, hi ha cossos d'escultures de marbre. Als fonaments de la muralla medieval, làpides romanes. Als carreus de les cases, signes funeraris jueus. La ciutat s'enderroca damunt d'ella mateixa, s'aixeca amb runa, amb runa cobreix els murs que resten. Un laberint d'enderrocs, com nervis o budells. I de sobte, damunt de tot, el tall net d'una plaça, tesa com la pell que amaga una confusió de vísceres i carn. La plaça del Rei és un dibuix estricte, minimalista, entre gòtics reials i el gratacels precoç del mirador del rei Martí, que no hi era quan el rei Martí mirava. Semblaria més un pati que una plaça, si no hi hagués l'amfiteatre invertit de les escales que pugen al Tinell, un lloc per seure, per escoltar músiques plàcides i improvisades. Una plaça del passat, d'un passat. A sota, altres passats, complexos, enderrocats, secrets.

Aquesta ciutat va ser capital d´un regne. per això té palaus, places i capelles reials. La majestat d´una potència política. Sota l´escenari de la plaça del Rei, les ruïnes clandestines de la Bàrcino romana. Així creixen les ciutats: sobreposant-se.

This city was once the capital of a kingdom. As a result, it has palaces, squares and royal chapels. The majesty proper to a political power. Below the stage of the Plaça Reial, we find the hidden ruins of Roman Barcino. Cities grow thus, one on top of the other.

Podríem parlar de tres ciutats concèntriques: la gòtica, la modernista i la suburbial recuperada per l´olímpica. De vegades s´ensenyen químicament pures. En certs punts d´intersecció, com pot ser la Rambla, es barregen.

There are three concentric cities here: the Gothic one, the Art Nouveau one and the suburban one refurbished for the Olympics. On occasion, you find them in the pure state. But there are places where they all meet – and the Rambla is one of these.

VIATGES
VIATGES
ROSA
DELS

Barcelona no és una ciutat de grandeses. És a dir, no és una ciutat on ens sobti l'escala de les coses, la seva magnitud. Les grans capitals dels Estats —amb majúscules—, les ciutats dissenyades per a Prínceps, tenen grans espais. I si no en tenen, els hi fan tenir. París, posem pel cas. Les ciutats colonitzadores, les que conquereixen territoris nous, també. A Barcelona res no és gaire gran. Ciutat bastida des de baix, ciutat dels particulars, encotillada a més entre els turons i el mar, aquí el pam té valor i s'aprofita. Només de tant en tant, en alguna de les embranzides somiadores amb les quals la ciutat creix a batzagades, Barcelona agafa amplària i s'imposa espais oberts de capital poderosa. Exposicions Universals i Jocs Olímpics han arrodonit aquesta ciutat de burgesos i menestrals amb pinzellades de Cort. Però no sempre la ciutat se les ha acabat de fer seves. L'Arc de Triomf, a la punta del Passeig Companys, capitaleja. Com a fill de l'Exposició del 88, aquest Arc —porta cap a la Ciutadella, porta cap enlloc— corona un espai ufanós, ample, solemne, important. Però, no sé per què, un espai d'una certa fredor, una mica impostat. I això que Vilaseca va atemperar el classicisme imperial d'un Arc de Triomf amb un homenatge a l'humilitat constructiva: el va fer amb maons. El barcelonejava, així. Però potser —on s'és vist fer una Arc de Triomf de maons i no de pedres nobles!— no el barcelonejava prou.

AGRUPACIÓ MÚTUA
Faci's soci del seu futur
RUPACIÓ MÚTUA
Faci's soci del seu futur
CIÓ MÚTUA
Faci's soci del seu futur
AGRUPACIÓ MÚTUA
TUA
Faci's soci del seu futur

A estones, mossèn Cinto devia ser una persona força optimista. Davant de la silueta dominadora, prepotent, de Montjuïc enfrontada a la plana submisa de la ciutat, mossèn Cinto imagina una relació paterno-filial:

> *Quan a la falda et miro de Montjuïc seguda,*
> *m'apar veure't en braços d'Alcides gegantí*
> *que per guardar sa filla del seu costat nascuda*
> *en serra transformant-se s'hagués quedat aquí.*

El perfil de Barcelona, d'arreu, de mar, des de tota la costa, és aquesta muntanya vigilant la ciutat, massissa. Pare i filla? Segons com entenguem la paternitat. A la manera vella, potser sí. La paternitat com a alarma, com a fre, com a vigilància. «Guardar la filla» com el guardià d'una presó. Montjuïc és un castell contra Barcelona. Recordant el bombardeig d'Espartero del 1842, escrivia Pere Calders, des de la seva experiència en el ram: «M'imagino que els artillers no necessitaven ser tiradors de primera, perquè el castell està més ben situat per disparar contra Barcelona que no pas per defensar-la». Pare, aquest castell de Montjuïc? Padrastre! Amic i aliat d'aquella persona «del conocimiento» de Manuel Azaña que receptava una dosi de xarop de bastó cada cinquanta anys per a aquesta ciutat-filla, però en tot cas filla dissoluta, rebel, anàrquica, que necessitaria la tutoria militar i malèfica de la muntanya de perfil sinistre que li fa de *skyline*.

Cap als anys vuitanta, als començaments de la nova Barcelona, algú devia designar tot el voltant de l'estació de Sants zona d'experimentació urbanística. L'experiment de fer places útils encara que no semblessin places. L'experiment de reaprofitar els terrenys de les antigues fàbriques per fer-ne els espais verds reclamats pels veïns, però sense oblidar que havien estat fàbriques. L'experiment de fer escultures per jugar-hi, per monumentalitzar la ciutat. L'experiment de casar coses velles i noves. La plaça dels Països Catalans, ferro i asfalt estrictes. El Parc de l'Espanya Industrial, aigua i verdor entre restes de fàbrica pintades de rosa. El Drac de Nagel, a la vegada escultura i tobogan. Tot plegat té l'emoció de la novetat, la vibració de l'experiment. Certament, potser ara ens semblen una mica retòrics, inflexibles. El risc dels pioners. I la plaça potser no calia tan dura, sense cap mena d'amenitat. I potser les torres al voltant del Parc són massa ampul·loses, sembla massa que vigilin. Tenen un regust massa concentracionari. I potser la memòria de 125 anys d'indústria ha quedat massa aigualida. Potser, després, d'altres ho han fet millor, han donat millors solucions als mateixos problemes, més eclèctiques, més paradoxals, més suaus, més integradores. Però ho han pogut fer perquè algú, aquí, va començar, va fer l'experiment. I, a més a més, el nens juguen al Drac, els skaters a la plaça, els models navals al llac del Parc.

Coca-Cola

Schweppes
Schweppes

«Quan els barcelonins deien 'el Parc' fins fa ben poc solien referir-se al de la Ciutadella.» En aquesta constatació de Josep Maria Huertas s'hi sumen constatacions diverses. La primera, que una ciutat gasiva amb el sòl —ho diu també Huertas— durant molts anys no en va tenir altre, de Parc. Va fer falta tota una revolució i enderrocar una ignominiosa fortalesa militar per deixar-li lloc. Però la Ciutadella té més valors, a més de l'antiguitat i la llarga exclusivitat, per apropiar-se del mot *Parc*, per ser el Parc per excel·lència. Hi ha la polisèmia de la paraula. El zoo és el parc zoològic, i per tant el parc del zoo és el parc al quadrat. D'altra banda, la Ciutadella és el Parc modèlic, de manual, amb tots els ets i uts del XIX: botànica i zoologia, llacs i fonts versallescament monumentals, el templet per als concerts del diumenge al matí, les barques i les escultures... Totes les convencions sobre el parc, tota aquesta mena de poètica tova i una mica embafadora que s'associa a la paraula, igual que s'associa a la paraula *circ*. I com que és un parc simbòlicament arrancat a la milícia, on els antics arsenals esdevenen museus de la bellesa i parlament democràtic, la gent el fa servir de parc. S´hi passeja, s'hi fa fotos, hi va d'excursió amb carmanyola en esplais i instituts. Els parcs són així. I ja no se sap si el de la Ciutadella n'és el model o la més aplicada i disciplinada encarnació.

Hi ha una Barcelona vuitcentista que sembla un somni il·lustrat i parisenc. Lector de les novel·les de Jaume Cabré, em sembla endevinar-hi aquella barreja de científica i maçònica, sempre amb el seu fons musical, experimentadora, col·leccionista, entomològica. La seu d'aquest somni és tota la llarga façana de la Ciutadella al passeig Picasso, des del museu de Zoologia fins a l'umbracle, la cara científica, il·lustrada, ordenada i ordenadora de la Barcelona vuitcentista. Tot el parc és una mica així, des de la geometria dels parterres al mamut pedagògic de pedra. Però ho és sobretot aquest recuperat joc de contrastos entre l'hivernacle i l'umbracle, aquestes dues arquitectures de la fragilitat, aquests dos territoris fronterers entre la Barcelona edificada i la Barcelona a l'aire lliure. La fragilitat nòrdica, lluminosa, de l'hivernacle, on la claror es multiplica, arquitectura vienesa, centreuropea, per al màxim aprofitament de cada raig de sol en l'hivern del nord. La fragilitat màgica, tropical, de l'umbracle, territori de la humitat selvàtica, de l'excés vegetal que cal protegir d'una soleiada calcinadora. I, en tots dos, el ferro de fàbrica, la idea de col·lecció, l'Exposició dels exotismes de l'Univers. A l'hivernacle i a l'umbracle, el XIX et sembla un segle optimista. Fràgil, però optimista.

A tocar del Parc de la Ciutadella, el monument a Picasso. És un punt de contrast en aquesta ciutat vuit-centista del barri de la Ribera, la posada al dia d´un vell somni il·lustrat.

The Picasso monument right beside the Ciutadella park. A contrast between the city of the eighteen-hundreds in the Ribera district – an old enlightened dream brought up to date.

Una antiga fortalesa alçada contra la ciutat convertida en parc. Un antic arsenal esdevingut Parlament democràtic del país. Aquest tros de Barcelona millora si te n´expliquen la història.

An old fortress built to dominate the city that was later turned into a park. An old arsenal that became the country's democratic parliament. This part of Barcelona improves when you know its history.

El de la Ciutadella és el parc barceloní per excel·lència. Perquè és el més antic, però també perquè resumeix tots el significats de la paraula parc: des del passeig al zoològic.

The Ciutadella is the epitome of a park in so far as Barcelona is concerned. It is the oldest of them, but it also contains everything that is included in the idea of a park, from an avenue to a zoo.

La muntanya de les meravelles a la ciutat de les meravelles. Calia venir a Montjuïc, nens bocabadats de la mà orgullosa dels pares, a la Fira de Mostres —durant molts anys Montjuïc gairebé em semblava un malnom de la Fira de Mostres. Calia venir a recollir prospectes i mostres, naturalment, l'etimologia mana, en aquesta mena d'exhibició de prodigis, molta fira, moltes mostres; passeu i vegeu, senyores i senyors, els darrers avenços de la ciència i de la tècnica... Suposo que cadascuna d'aquelles mostres afirades de l'exotisme i de la inventiva eren fotocòpies esgrogueïdes de l'Exposició Universal, cada Fira de Mostres hereva disminuïda i periòdica del seu prestigi. Com ella, col·lecció de meravelles. Què és si no el Poble Espanyol, fira de pedres, exhibició de mostres? Què és si no la font màgica d'en Buïgas, aigua i llum, vegeu i admireu la darrera meravella de l'univers? Què és si no la magnificència una mica mantegosa del Palau Nacional? L'Exposició va especialitzar Montjuïc en la meravella i cap a la meravella pelegrinàvem cada any, i l'estand del Japó —posem pel cas— era en certa manera el continuador i l'hereu de les fonts lluminoses. Després vam descobrir-hi altres meravelles. La màgia infantil de Miró. Els prodigis rectes de Mies van der Rohe, quan van ressuscitar. L'esclat olímpic. Però tot remet a aquella excursió bocabadada a recollir papers i veure prodigis a la Fira de Mostres, a la muntanya de les meravelles.

Hi ha una picada d'ullet, un gest còmplice i irònic, en la decisió de conservar la capsa antiga de l'estadi de Montjuïc i, a dins, fer-ho tot nou. Hi ha respostes que són interessants, sobretot, perquè confirmen l'existència prèvia de preguntes interessants. La capsa de l'estadi vell de Montjuïc no era espectacularment bonica, tampoc no era lletja. No hauria estat escandalós, ni impossible —ni tan sols més car—, enderrocar-ho tot i fer-ho de cap i de nou. Però van decidir conservar la capsa, retocar-la, reconstruir-ne unes parts, contemplar-ne unes altres amb uns ulls nous, mantenir i barrejar. Tot això exigia que algú, que molta gent, s'hagués estat fent al llarg de molt de temps preguntes sobre el passat i el futur, sobre les arrels i les branques, sobre la tradició i la innovació. No són preguntes torturades, obsessives, però són preguntes constatables. Què n'hem de fer del que tenim? Què n'hem de fer del que som? En què ens ajuda i en què ens limita per fer allò que volem fer? Entres a l'estadi per una porta dels anys vint, sota un rellotge vell i una estàtua classisitzant, i hi trobes un interior convencionalment contemporani. Embolcall antic per a un contingut nou. I saps que algú s'ha fet preguntes i que algú s'ha respost que el passat i la memòria no són del tot morts i inútils, però que seria absurd habitar-los per sempre. A partir d'aquí, algú es va posar a construir.

Ja és ben curiós que un goril·la blanc hagi esdevingut el símbol de Barcelona. Potser la blancor converteix a Floquet de Neu en un goril·la de disseny, però amb aspecte bonhomiós i pacífic. Pactista.

Isn't it odd that a white gorilla came to symbolise Barcelona? Maybe Snowflake's whiteness makes a designer gorilla of him – but also a friendly, peaceful one. A negotiator.

Però si Barcelona ha estat forçada cada tants anys per la violència masculina i militar de Montjuïc, també cada tants anys la ciutat, femeninament, ha intentat seduir i amorosir la muntanya, desencastellar-la, fer-la seva, treure-li l'aire de fortalesa per donar-li un aire familiar i benèfic de parc. Ho va intentar amb l'Exposició Universal. Ho ha tornat a fer amb els Jocs Olímpics. Pare i filla, en la metàfora de Verdaguer? Doncs transformació del padrastre rigurós i malcarat amb un pare amical i còmplice. Seduir urbanitzant —fent *urbs*—, construint, escalant els murs, posant jardins on hi havia fossars.

Sólo montaña arriba, cerca ya del castillo,
de sus fosos quemados por los fusilamientos...

Ho escrivia Gil de Biedma en el seu somni d'una ciutat redimida pel proletariat murcià, contra ell mateix, contra els seus pares, però també contra la mesocràcia sense èpica ni exquisidesa. Era l'opció revolucionària, potser. Però el que la ciutat ha volgut és sembrar Montjuïc amb estadis i pavellons i museus i muntanyes russes, amb l'oci i l'esport i la cultura, quan hi ha hagut l'esperança que la ciutat manaria per damunt del castell, la civilitat damunt dels canons. El 1929, quan s'olorava un final de dictadura. El 1992, efervescència de la ciutat democràtica. Els temps de les seduccions. Quan és el temps de la força, quan manen els canons, Montjuïc —el vell cementiri dels nostres jueus— esdevé fortalesa i magatzem de pobres. Símbol del poder hostil, de la força.

No ha envellit, l'anella olímpica. Ha passat poc temps, és clar, però les coses noves són les que envelleixen més de pressa. La sordidesa —passat poc temps, quan els blancs comencen a daurar-se, quan tot comença a tenir un vernís d'humitat i de passes— de les coses que no tenien altra virtut que la de ser noves. No han envellit els edificis de l'anella olímpica, però això no té res d'estrany. No ha envellit tampoc l'esplanada, las escales roses, les columnes de llum, els jocs de l'aigua entre les pedres. I això ja és més notable. L'esplanada continua sent un espai magnificent, esplèndid. Els tarongers domesticats, els arbres de ferro, un paisatge d'un futur ordenat, net, una mica glacial. L'anella olímpica no ha envellit, sobretot, perquè no ha estat abandonada. El deteriorament accelerat de les obres dels homes sense els homes. Però també perquè l'han aguantada els seus diversos horitzons. El Palau Sant Jordi, que no pot envellir perquè és de sempre, essencial, d'una simplicitat eterna, com les piràmides, i ja sé que exagero. L'estadi, que ja era antic, que era una assegurança contra l'envelliment perquè ja l'havia sobreviscut: formes ja païdes, assimilades, de les quadrigues damunt la portalada. Però també d'altres horitzons. La verdor de Montjuïc, l'avió que s'envola més enllà de les parets que amaguen el cementiri. Tot això és per sempre.

El Tibidabo des de Montjuïc. Dues muntanyes, dues relacions amb la ciutat, dues mitologies urbanes. I a totes dues, per unificar-les, l´ocupació festiva d´un parc d´atraccions.

Tibidabo seen from Montjuïc. Two mountains, two relationships with the city, two places in urban mythology. And the two are united in having funfairs.

La doble estètica olímpica. La recuperació de les escultures neoclàssiques de l´Estadi de l´any vint. Al fons, la blancor atrevida de la torre de Calatrava. Tradició i modernitat, però totes dues de línia clara, noucentistes.

The two faces of the Olympic aesthetic. Maintaining the neo-Classical statues of the stadium built in the twenties, with of Calatrava's daring white tower in the background. Tradition and modernity, both with the clean lines of the nineteenth-century.

«Quan a la falda et miro de Montjuïc seguda...» Verdaguer veia la ciutat com una filla de la muntanya. En les pàgines següents, les il·lustracions —des de Sants fins a la plaça d´Espanya— d´una relació ambigua entre el pare i la filla.

«When I see you sitting below me on Montjuïc's slope ...» Verdaguer saw the city as being Montjuïc's daughter. The illustrations of the area between Sants and Plaça d'Espanya on the following pages are of that uneasy relationship between father and daughter.

HOTEL
EUROBASKET'97
adidas
EL PIE
FUNCIONA.
FEET YOU
WEAR®
LO HEMOS
COPIADO.
P

HOTEL

L´anella olímpica té una estètica futurista, amorosida per algunes recuperacions del passat.
En aquesta pàgina i les següents, els bells nous jardins de pedra al voltant de l´Estadi.
Els miradors de Montjüic —cap a la ciutat i cap al port— semblen fets per pensar-hi Barcelona,
per fer-ne el balanç. Ho han fet els poetes. I no en va un dels miradors es diu «de l´alcalde».

There is something futuristic about the Olympic Ring, softened by the few pieces retained from the past.
This and the following pages show the fine new stone-paved gardens around the Stadium.
The viewing-points that look out from Montjuïc over the city and the port seem to have been designed to sum
Barcelona up. Poets have done so. And it is not for nothing that the viewing-points are known as «the Mayor's».

Entre els pins hi ha una mena de proes de vaixells d'alumini amb la punta que mira cap al sol de tarda, cap a l'asfalt buit del Sot del Migdia, potser a l'espera d'algun esclat nocturn. A cadascun d'aquests miradors, una parella, callada, el cap a la falda, en una soledat absoluta. En el camí, dues adolescents criden cançons d'amor estirades a terra, com si fos normal, com si fossin a la platja. Aquest amfiteatre on s'endevina la pedrera primitiva podria semblar un bosc elemental, inquietant de tan solitari, si no l'envoltés la banda sonora dels cotxes. Sense so, la placidesa de la pineda seria magnífica, el punt just de fonoll i de xiprers i d'alzines. Però la ciutat és molt pròxima i molt difícil d'oblidar. A sota dels miradors de fusta com vaixells, una escenografia dura de concerts i de festa. No hi ha ningú, i estem massa a prop de tot arreu per trobar natural aquesta soledat. Tornen les parelles dels bancs ocults i mires amb angúnia el llom suau que tanca el Sot cap a mar, el mur d'un verd intens que fa de paret d'aquesta construcció que només té paviment. Darrere d'aquest mur hi saps el fossar de la pedrera, l'escenografia sàvia que recorda els morts anònims o nominats que hi van morir, els herois i els màrtirs. Tot això és darrere d'aquesta soledat de parc, d'aquest refugi tranquil de parelles. Que en són, de pròxims, els escenaris del drama i de la placidesa.

Contra el mite del seny, Barcelona té una ànima surrealista i extravagant. Però és l'extravagància a partir del seny, la «veritat oculta» de Calders —Kafka mediterrani—, la sorpresa a partir de la quotidianitat. Potser per això les metàfores més atrevides les feia un poeta pastisser de Sarrià. O el fill de vídua de Pere Quart, prototipus de la mediocritat burgesa, es declarava admirador de l'abanderat del surrealisme: «... però trobo que en Dalí / és un geni i pinta coses / que s'entén què volen dir». Pel mateix mecanisme, del seny a l'extravagància, un paratge tan normal, tan entranyablement vulgar com la Font del Gat, ha inspirat textos manifestament onírics, surrealistes. Penso, és clar, en una magnífica cançó de Sisa:

Els nens festegen a la Font del Gat,
hi dorm un torero, un torero daurat.

Però penso també en la mortificant cançó de la Marieta, estranya i inexplicable, tot i que un cuplet intentés encabir-la en una certa lògica narrativa. Que no és surrealista, aquesta cançó? Potser es nota més en castellà. Vázquez Montalbán cita una traducció malèfica de Quim Vilar:

Descendiendo de la fuente del felino,
una doncella, una doncella;
descendiendo de la fuente del felino,
una doncella y un militar.
Interrogadla sobre cómo se denomina,
Mariquitilla, Mariquitilla;
interrogadla sobre cómo se denomina,
Mariquitilla de la retina perspicaz.

El prestigi de les vistes panoràmiques sembla emparentat amb la falera fotogràfica. Els autocars s'aturen als miradors i els turistes es fan fotografies amb la ciutat al fons, amb la ciutat com a paisatge del seu propi retrat. I deu ser això: les fotografies panoràmiques, per elles mateixes, són poc agraïdes. La ciutat hi és inabastable, confusa, magmàtica. Els miradors són per mirar, és obvi, per recórrer amb la mirada com un travelling selectiu i amb parades. Quin sentit tenen, llavors, les fotografies? Doncs precisament el de relacionar el personatge amb la ciutat, potser posseint-la, potser fent-se-la seva. La gràcia és a la relació. Des del mirador, és molt fàcil intentar resumir-se la ciutat, fer-se'n un balanç, que és el balanç d'allò que ens hi lliga. Miro Barcelona des de Montjuïc, un paviment fet de ferralles mecàniques de simbologia obscura. La ciutat és una sopa de vermells i de grisos on fan de fites algunes verticals: tres xemeneies a aquesta punta i a l'altra, la Sagrada Família, la concentració de campanars a la ciutat gòtica, els gratacels vora mar. Només s'explica, des de la panoràmica, el punt de fuga del Besòs, els ports dintre del port com un joc de nines russes. Des de gairebé aquí, Carlos Barral devia fer el seu balanç, malgrat tot absolutori:

Una ciudad discreta, noble, hospitalaria.
Rectilínea y sin plazas. Tal vez interesante.
Una ciudad, querida, en que tú y yo
no viviríamos a gusto. Y sin embargo
por la que no me importa haber pasado.

Buides, les platges de Barcelona podrien semblar molt poc urbanes. Potser el fet de tenir platges és el més important, de concepte, que li ha passat a Barcelona en l'últim mig segle. Hi eren, però no feien de platges. I en una ciutat densa i acabada, plena, no s'acomplia la vella paradoxa segons la qual la platja és la millor zona verda, encara que no hi hagi ni una engruna de verd. Les platges de Barcelona, descobertes i endreçades, no pateixen la pressió d'una façana d'edificis idèntics i banals que ha assassinat tants pobles de la costa. La cinta de sorra no és molt ampla, però té al darrere una profunditat camuflada de parc i de passeig que allunya la ciutat. Urbana per urbanitzada, perquè és també una platja per a ciclistes i per a *voyeurs*, amb paviments i amb bancs. Urbana perquè té un públic urbà de colla i de família, també de casal d'estiu que passa el matí a la platja. Urbana perquè s'hi està i s'hi passeja i és una platja juvenil per jugar a pilota o per anar a lligar, i per tant és objectivament en l'ús un parc de sorra, una zona verda. Però sense que la ciutat li caigui al damunt, sense fons urbà. Potser per això la platja de Barcelona sembla més buida i neta del que s'espera, perquè les sensacions de saturació i de brutor no vindrien de l'aigua, sinó de l'esquena, del paisatge. I les platges de Barcelona existeixen perquè han sabut construir-se aquest paisatge al darrere, neutre i distant.

Potser el fet més rellevant de la Barcelona democràtica i olímpica ha estat la descoberta de la mar.
«Descobrir el Mediterrani» vol dir adonar-se de l´evident. Però calia.

It may well be that the biggest change to take place in democratic, Olympic Barcelona was its discovery of the sea.
«Discover the Mediterranean» means seeing the obvious. But it was badly needed.

La platja és la millor zona verda d´una ciutat. La més útil, la més polivalent.
En aquesta pàgina i les següents,
l´evidència que els barcelonins la fan servir. Fins i tot per allò que no toca.

The beach is the best open space in the city: the most useful and the most adaptable.
This and the following pages prove
that the people of Barcelona use it to the full. Even for what isn't natural there.

IRL
4399
ESP
3157
ESP

ESP
3000
ESP
4044
GBR
9026
ESP
4561

RESTAURANT

NI KE
5

Barcelona s´ha inventat unes platges urbanes, ciutadanes, on no molesta saber que al darrere tens una façana d´edificis. Entremig, allunyant-los, la florida inevitable de palmeres.

Barcelona has provided itself with beaches right in the city. They belong to its inhabitants, and nobody worries about the backdrop of buildings. Before you reach them, there is an oasis of palm-trees.

A tocar de la ciutat, les platges esdevenen denses socials. Lloc de sol i de converses, preludi més que no pas escenari d´intimitats. Una mena de club o de terrassa.

Forming part of the city, the beaches are full of life. A place to enjoy the sun and to have a chat, for the preliminaries to intimacy rather than for intimacy itself.

Les «golondrines» del port han estat el cordó umbilical de la ciutat i la mar, la gran aventura marinera dels nens barcelonins i els de visita. Allò que se sol anomemar «entranyable».

The tourist boats in the port have long been a lifeline connecting the city to the sea, a great maritime adventure for the children of Barcelona as well as for those on a visit. What is usually called «most enjoyable».

L´Aquari, al bell mig del port, forma part d´un nou pol d´atracció que la ciutat s'ha construït més enllà de la línia de la costa. Un espectacular emblema de la ciutat novíssima.

The Aquarium right in the centre of the port is located within a new centre of attraction that the city built out beyond the coastline. A spectacular symbol of newest Barcelona.

MAPFRE
UNITED YACHT TRANSPORT

SUPER SERVANT 4

FRANCESC i LLUIS

Raytheon
VENTA
640 39 00

10

A partir del Moll de la Fusta, amb les passarel·les que s´endinsen al port, Barcelona ha desplaçat cap a mar el centre de gravetat. Espais nous per poder-hi passejar i mercadejar.

The footbridges that lead from Moll de la Fusta to the port have shifted Barcelona's centre of gravity in the direction of the sea. New places for strolling and for selling.

Els espais oberts del port, amb horitzó, sense cotilles, al final potser faran veritat el vers maragallià que trobava Barcelona riallera perquè té «un gran cel al damunt». Ara ja es pot veure.

The port's open spaces have a horizon, they are not enclosed, and perhaps they will end up proving Maragall's line about Barcelona being a smiling city because it had «a huge sky above». Here, it can be seen.

El cel de Barcelona té un molt considerable prestigi poètic. Maragall, per exemple, després de la fumeres arrauxades de la Setmana Tràgica, després del desbordament popular de la mala bava —en col·lisió amb l'altra mala bava més industrial, més uniformada, en quadre, dels piquets d'afusellament— salva Barcelona pel seu cel, amb la mateixa ingènua naturalitat, amb la mateixa compassió excessiva, amb què l'aire d'una cançó vella salvava el comte Arnau, o un punt de contricció a última hora, gairebé a la pròrroga, salvava el Tenorio de Zorrilla a les portes de l'infern. A la Barcelona tràgica la salva el cel:

Ets covarda i cruel i grollera,
Barcelona, però ets riallera,
perquè tens un gran cel al damunt...

¿Què deu tenir el cel de Barcelona que no tingui cap altre per fer de contrapès a la rauxa inconstant que «empaita la monja i li crema el convent... I encara el refàs més potent!»? No és una ciutat de cels, Barcelona. No és com aquelles ciutats on el sol es pon a mar i dibuixa capvespres daurats amb records de Súnions. No té el cel enorme de les grans planes castellanes, encara menys el d'Amèrica. No té l'atmosfera límpida, sense humitat ni calitges xafogoses. És un cel com tants d'altres, mediterrani i amable. Però els ulls de Maragall necessitaven un lloc per salvar-se, un espai net. El mèrit, en definitiva, és més de Maragall que de Barcelona.

Quan va sortir del franquisme, dels temps de l'Obra Sindical del Hogar, i dels polígons, i del ciment de l'aluminosi, la ciutat era plena, compacta. Demanar zones verdes havia estat una manera de fer la revolució o de tocar els nassos al general, però també la consciència d'un atapeïment, d'una densitat construïda i massissa. A l'hora de fer la ciutat nova, i de fer-la escoltant els qui l'havien empesa a ser nova, calia aprofitar, reaprofitar, el que després en diríem reciclar. Esponjar aquella massa de maó i ciment. Les places i els parcs de la Barcelona nova no són descampats preservats de la construcció, sinó espais desconstruïts, enderrocats, reaprofitats, construïts ells mateixos després com a places o parcs. Pedreres, illes de cases, casernes, però sobretot fàbriques. Immenses fàbriques inútils, abandonades, dels temps passats en què el tèxtil exigia grans extensions, fins i tot grans barris, al mig mateix de la ciutat. Com Terrassa, com Sabadell, com Mataró, Barcelona es va trobar amb aquestes reserves de ciutat. Conservar-les? Enderrocar-les? A d'altres llocs, ens hem pogut fer la pregunta i respondre-la per un determinat camí del mig. A Barcelona, plena, massissa, l'ocasió no es podia desaprofitar. Era l'esperança d'uns pulmons potser no virginals, intactes, però plens d'aire i de llum possible. A Barcelona, fer havia de ser refer.

A partir d'un cert dia vam trepitjar la gespa. Vull dir trepitjar-la de veritat, a plena llum, sense vergonya, no pas un camí de sorra obert clandestinament al parterre per passos apressats i nocturns. Es pensaven, potser, que l'arrencaríem, incívics, una colla de porcs? Vam créixer amb el «Prohibido pisar el césped», una frase feta, un missatge de l'autoritat, com «Es peligroso asomarse al exterior», cartells de fusta clavats a terra als acudits, metàfora d'un món de coses desaconsellades, perilloses, prohibides. La gespa era per fer bonic. Deien els qui venien de fora que als parcs del nord feliç la gent s'estimava damunt la gespa. Hi deu ploure més. No se'ls deu fer malbé. Però un dia vam poder trepitjar la gespa. Un dia que hauria de sortir als anuaris: com la caiguda del Mur, com l'arribada de l'home a la lluna. I Barcelona va adquirir la seva quota de verdor universitària i juvenil, els campus van esdevenir de veritat campus, camps, com a les pel·lícules. Verd de pícnic, ja hi ha qui hi llança pilotes ovalades de futbol americà. I amics asseguts. I parelles estimant-se, visiblement, eufòricament, desafiadorament. La liberalitat, la civilitat d'una gespa trepitjada, usada, viva. De sobte, ja som al nord. Han tret els cartells: «Prohibido pisar el césped». Van existir mai? Ara, l'esplendor damunt l'herba.

Amb el pas del temps, les coses —els edificis també—, o es degraden fins a la sordidesa o s'ennobleixen fins a la solemnitat. El vell Dipòsit de Comerç, que tanca el Port Vell, ha estat ascendit a Palau del Mar. No és tan sols el pas del temps, naturalment. L'ascens ha exigit una rentada de cara, un esponjament, una singularització. Se l'ha hagut de deixar sol, en un espai net. Se l'ha aclarit, i la soledat li ha donat lluminositat. Se l'ha buidat de les funcions polsoses i embrutidores del tràfec comercial. Se li ha posat un Museu modern i lluent. Amb tot això, ha passat de ser el «tinglado» més sòlid a ser, si fa no fa, un palau amb vista al mar. Ha obtingut claror, i el mar que té al davant és lúdic, de iots i luxe, no pas febril. De dalt de les terrasses, ventoses i fresques, hi ha l'escenografia d'un port d'aigües manses, atapeït, domèstic. A baix, sota els porxos, arran de mar, un espai feliç per fer-hi un arròs, per al vi blanc fresc i la confidència sentimental, qui sap si per a la seducció. Obrintse al mar, al costat del mar, Barcelona ha ampliat i ha sofisticat la gastronomia alegre i popular de la Barceloneta. Del xiringuito al Palau. Els anys, o enderroquen les coses o les fan inevitablement solemnes.

«Heus aquí: jo he guardat fusta al moll...» Els versos de Salvat Papasseit fan de mitologia d´un Moll de la Fusta familiar i plàcid, on costa d´imaginar «la pluja a barrals sobre els bots».

«There you have it: I have guarded wood on the wharf...» Salvat Papasseit's lines form a legend where we see the prosaic, placid Moll de la Fusta, where we can hardly imagine «buckets of rain on the barrels».

Enmig de l´aclaparador exhibicionisme dels iots al Port Vell, encara és imaginable veure de tant en tant una barca de pesca, potser pura atracció turística per a nostàlgics.

In spite of the startling exhibitionism of the Port Vell's yachts, you can still see the occasional fishing trawler, maybe just as a tourist attraction for the sentimental.

L'aquàrium

DIRECCION GENE

Museu d'Història de Catalunya
IMAX PORT VELL

Heus aquí: ara les fustes del moll són a les passarel·les com cargols per damunt dels cotxes o del mar. O les palmeres verticals que acompanyen el passeig per aquesta amplada nova, conquerida davant del mar. Un mar invisible, tapat de «tinglados» i grisor, descobert i tornat a tapar: mar sense horitzó, clos, portuari, però també porta a allò que va i que ve, velles fustes exòtiques, el món sencer. Heus aquí: a les fotografies velles aquesta esplanada era un magatzem, cobert i descobert, les fustes apilades, un lloc de misteris, amb l'èpica del treball, de les nits solitàries de vigília amb música d'acordió, sota la pluja:

Però jo he vist la pluja,
a barrals
sobre els bots,
i dessota els taulons arraulir-se el preu fet de l'angoixa;
sota els flandis
i els melis,
sota els cedres sagrats...

El moll de la fusta és no res, una esplanada davant del mar, un bellíssim passeig intel·ligent, una façana assolellada amb gust de vermut i de diumenge. Però és també la memòria de les fotos antigues, dels treballs i els dies, de les pluges sobre els flandis i els melis, de les històries acumulades. I això és un nom suggeridor, moll de la fusta. Però és sobretot el ressò d'un poema, el Nocturn d'en Salvat, la força de la memòria:

Heus aquí: jo he guardat fusta al moll.
Vosaltres no sabeu què és guardar fusta al moll...

Nova Icària és un nom d'utopia. Ja ho és Icària, encara més si és nova. Allò que va ser Vila Olímpica va ser imaginat per després del 92 i no és ben bé un barri, és un paradigma. Barcelona només es pot reconstruir, no hi ha lloc per construir sense enderrocar. Amb l'excusa dels Jocs, la Icària envellida —i potser entranyable, això no ho sé— de les fàbriques inútils va deixar lloc a una faula urbanística. Havia de ser aquí: toca a mar i es diu Icària. I la Nova Icària és, més que un experiment, una proposta. No és la Defense parisenca a la catalana. En la utopia urbanística de la nova Barcelona hi ha rastres de la Barcelona de sempre. Com correspon al seu nom, la Nova Icària és una utopia mesocràtica i anarcoide. No és una utopia d'Estat, no és una utopia solemne, com la francesa. Els seus monuments no són edificis públics, catedrals, museus, símbols directes o indirectes del poder. Nova Icària és una utopia mediterrània, i per això havia de tocar mar i per això desemboca en un port de lleure i de calma, un port per posar-hi iots i restaurants. És també una utopia horitzontal, estesa, de parcs de gespa i avingudes amb pèrgoles, encara que les pèrgoles atrevides de metall no hi siguin nostàlgiques. Tan horitzontal que necessita dos gratacels bessons per cristal·litzar, però gratacels aïllats, singulars. La Nova Icària és una utopia de cases i de botigues, amena, freda —encara?—, però no gens nòrdica. La Nova Icària és el que vol ser Barcelona quan sigui gran.

Bessones, però no iguals, les dues torres al costat del Port Olímpic són una mena de picada d´ullet irònica en la seva soledat, als límits d´una ciutat que ha preferit atapeir-se que no pas enfilar-se.

Twins, although not identical ones: I mean the two skyscrapers next to the Olympic Port are a sort of a nod and a wink, there on their own, at the edge of a city that has chosen wall-to-wall buildings rather than to climb up towards the sky.

MAPFRE

letona

Als peus dels gratacels, les nits de Barcelona les imaginem acollidores, càlides,
de llum i de terrasses. És el mite que hem anat construint de nosaltres mateixos.
com tots els mites, a partir d´una mínima veritat millorada.

In the shadow of the skyscrapers, we imagine Barcelona's nights to be welcoming and warm, with lights and street-cafes. This is the myth that we have provided ourselves with. Just as with all myths, an improved version containing a small quota of truth.

ENGLISH TRANSLATIONS

The open-air city belongs to everyone. Or to nobody. The walls do not really keep out the light or the rain – they are, in reality, property boundaries, just as walls in the countryside are, walls that hold up no roof but do separate. To have between walls. Outside of the walls, one stops having. And cities are a mixture of inside and out, of possession and concelebration, of private and shared ambients which come together in the windows of the facades. A Barcelona of facades exists because there are two other Barcelonas: one of furniture and geometric floors, and one of space for moving through and for meeting in. Open-air Barcelona represents what the Mediterranean is. Or better still, the north of the Mediterranean: down below, what does not belong to anyone tends to belong to nobody rather than to everyone. Down below, the first person plural is not terribly common in verbs of possession. In Barcelona – as in Italy, Provence and few other places – it is the boundary between the singular and the plural, where things that are not yours alone may actually be held in common. A Barcelona belonging to everyone exists, in the open air beyond the stone city walls that mark the limits of property. This open-air city is the one used by everyone and which can even belong to everyone. There is a risk: being partially the property of everyone and of no-one, this open-air city may end up belonging to the Prince. Well, to the powers that be.

A friend who never quite got to like London in spite of living there for a good deal of time told me: the parks are their system of avoiding depopulation. The climate is wet and hostile, the city is vast and thickly-populated, and so London's parks are the required reverse, an illusion of untouched nature, a refuge. If they did not have this visual overflow that the parks provide, these flat urban lawns that provide relaxation for the soul, nothing could hold them back: the Londoners could not be stopped from fleeing southwards. If this caricature is to be believed, London would cease to exist for want of raw human material. This may well be why the parks of the north are more wood than garden, ersatz preserved virgin nature that demands breadth and horizon. Not so Barcelona. In warm, Mediterranean Barcelona with its fine weather, the parks are squares or gardens rather than a fossilised earlier natural existence; they are the decisions that form a city, as artificial as the rest. The parks are brush-strokes, notes, they do not require space, pomposity – what they need is surprise, abundance, dotted around the city, overflowing, but shared out. And of course, its parks are not the sweetener required to be able to swallow an offensive city, the bonds that hold one back from taking refuge in the external, rural myth. Maybe not in London either. Certainly not in Barcelona.

The beauty proper to those cities that grew up on a plain between the mountains and the sea. The beauty of being able to climb a hill and survey this motley assortment of buildings that slopes down to the sea. From a height, the city is on offer: Look at all that I can give you... "Tibi dabo..." There is a feeling of ownership, of dominion, but one of distance too. In one of his most melancholic songs, Loquillo sketches a character, like the hero of some American song, a sort of a "Rebel without a Cause" halfway up Tibidabo, in a badly-parked Cadillac, drinking or half-drunk, smoking or stoned, sharing or after sharing the back seat with some blonde while desiring a different one. Before sunrise takes him by surprise, he depicts himself:

And here I am sitting
in an old Cadillac - second hand -
below the 'Merveyé'; at my feet, my city

Beauty at all times of day and of night due to having the city at his feet, beautiful and distant, possessed and aloof. A melancholic panorama? that depends on whose eyes are looking at it. To put it in the words of Vázquez Montalbán: From more or less the same place where Loquillo's James Dean parked his Cadillac, the ineffable Pich i Pon, an anthology of complete nonsense, said the one that went: "What an abundance of urban property!"

It was their first time flying. For generations of Barcelonans as well as its Sunday visitors, Tibidabo's airplane was as close as they came to flying in their whole life. The present writer has never boarded any plane other than the one on Tibidabo. Of course, when it did its first circuit in 1928, an airplane must have still been an exceptional, exotic contraption. Funfairs were not yet what they have since become: a violent fright, a plethora of strong feelings, a trip in the midst of the most realistic terror, horrifying dinosaurs, roller-coasters with slopes that would be difficult to find in the Alps. In those days, all that you needed to attract the public was a number of marvellous automated figures, the funfair attractions of a sunny Macondo in Barcelona. Further on, perhaps, a hall of mirrors such as the ones that provided Valle Inclán with his definition for the word *esperpento*: put on or lose weight – even simultaneously – in order to produce a caricature. Or letting off steam in the bumpers, declaring war with a sally. But there was always the hope that the airplane engendered, the hope that summed up Tibidabo, the illusion of flying because when all is said and done, from the peak of Tibidabo Barcelona seems a toy-town, a Lilliputian city, a distant presence down there. Just as from other airplanes. The real ones? Who would dare to state that the others are in any way more genuine than this one?

Barcelona has paid little attention to one of the prophesies contained in Verdaguer's Ode:

O giant spreading out your arms to the mountains,
when you arrive there tomorrow, just what will you do?
You will do as an immense ivy which, having covered
the ground,
rises to embrace one of the wood's trees with each arm.

It may be that we no longer see all of the mountains that Verdaguer saw, they have been covered, swallowed, by the city-ivy which makes the city seem flat and unvarying. But Barcelona seems to come to a halt when it reaches the slopes at the Font del Racó, Avinguda Tibidabo, and the Vallvidrera road. Confronted with the wood, at the limits of the mirage of primal nature – here, at any rate – it does not escape, it does not overwhelm – it just sends out its modern, *art nouveau* residential tendrils. Imposing, lordly houses and villas, a little eerie, enchanted houses with shining ceilings – Mediterranean balustrades above the city. Barcelona does not dare to push out the tendrils of its noble houses overlooking the city much further, towards Carretera de les Aigües. Barcelona does not dare, but its inhabitants do. They come as far as the viewing point by car, cyclists arrive in a useless but sporting effort, young men and women run up wearing t-shirts proclaiming their solidarity, with autistic walkmans and huge dogs. All that is to be found at the edge of the wood are enchanted houses from the turn of the century. The city stops here. Not the citizens, though, in their short trousers and with an earthy nostalgia for the woods. It is they who are Verdaguer's ivy.

The city avoids the wall of the Collserola, making for the valleys that the rivers run down, it stretches out towards the Besòs along the Meridiana and up the Diagonal towards the Llobregat. However, she does scale the Collserola, crossing the mountain range towards the Vallès by the age-old routes of the Arrabassada and Vallvidrera, reaching Sant Cugat and then continuing on to Terrassa and the roads leading to Manresa and the inland plains. These are two difficult mountain passes, two roads amid greenery with a profusion of curves, all of a sudden damp, with wild nooks at the very gates of the city. And of course, this is the real entrance to Barcelona, on either side of the hills, particularly when they descend to the Vallès by way of Les Planes and La Floresta. Above, astride Barcelona's skyline, you are surprised by the solitude and the size of those constructions that never leave your view when down below. The scale is a great surprise: the enormous size of the Collserola tower and of the cables that hold it up as though it were a hot-air balloon about to take off. And the scale of Tibidabo, too. This route along the mountain-crest discloses the recreational architecture of the end of the 19th century, of wealthy retreats to nature. Vallvidrera is the myth of the wood. Homely by proximity, rather than from domestication:

Oh woods of Vallvidrera,
what fine smells you have given me!

The emblem of new Barcelona – not of the newest one, but of the new one that grew in a surge at the turn of the century – must be the shard. This sort of art nouveau mosaic using broken fragments of glazed ceramics that covers benches in the streets, wavy lines and sculptures in Parc Güell, details of multicoloured facades. The shard has a Baroque southern joy to it, something Moorish, that demands a clear sky and a strong, noble light. Photographs of shard work always come out better against an intense blue background and with a spring sun shining on the white shards of tile. But the use of shards has something of the common man to it too, as though it were made of recycled materials, an aesthetic grown out of the savings made in the artisan's yard, appearing like the geraniums. The shard is ceramic, it shines, it is a bit childish, there is a direct, primary, sunny delight to it. It suits the sinuousness of benches designed for a round, plant-like, floral city. The shard enjoys a real ingenuity, there is nothing artificial nor pretend about it. The shard is the vital, earthy emblem of art nouveau Barcelona, an explosion of light against the traditional black austerity of the turn of the century. More to begin a century than to end one, the shard allowed Barcelona to proclaim itself a capital full of light. And therefore optimistic.

I would like to see old photos of it. In some places, the park, or garden, is a preserved paradise. In others, a constructed oasis. I would like to see photos of Creueta del Coll before the park was here. It is easy to imagine the desolation. You can surmise it from the abrupt walls of this artificial crater, this quarry hole, this half-emptied mountain. And in the imagination, a crater evokes a pond or an oasis. And this is what they have provided: a swimming-pool with palm-trees – in other words, an oasis. A capricious, playful swimming-pool, a natural amphitheatre where water forms the backdrop, and with benches for the old folk by way of terraces. Swimming courses are held here in summer. This is the formula: a touch of green, a corner of the city pilfered from uselessness, a feeling of service, a drop of water, a sculpture. Mix, fill with children and you have a park. The Creueta Park is special. There is lots of water here. The sculpture is an impressive, neolithic Chillida hidden in the most abrupt, inaccessible nook as though it were a natural phenomenon. There is some sort of a park on top of each of the hills that the city has gradually surrounded and half covered with steep streets of low buildings on all sides. Carmel, Guinardó, Turó de la Peira, Putget: these are green isles standing out above human habitation, as though besieged, like the remains of a submerged reef. But the Creueta, the most difficult, is an oasis.

All gardens are depictions of Paradise. Not paradise with a small p, but the original and ultimate Paradise, the Garden of Eden, the happy place of before and after sin, made to measure for man as he is, to human requirements. The Parc del Laberint is an encyclopedia of the garden, the perfect garden. As such, an idea of paradise. Or of paradises, because the Laberint in Horta is a mixture of two gardens which refer to two paradises. On the one hand, the neoclassical or the Renaissance, looking to Italy and then back to the classical world of Rome and Athens, perhaps too to the reflections of Babylonia rehashed by Alexander, and the whole influenced by the Biblical memory of Adam and Eve's Paradise. This garden has balustrades and follies, marble statues, mythological references. Then there is the other, the Islamic garden of fountains and jets of water, Moorish architecture, the image of the Alhambra, the garden of Allah, sensual with greenery. These two have one thing in common: a garden is ruled over by water, the murmur of water, the fountain, the stream, the pond. Yet another thing: a garden is a maze, even though it be as simple as this one is:

There is no need for the spool
that Ariadna gave to Theseus.

A maze when it comes down to it, is a plan, a path, order. A garden has more or less the same order as a maze. Beyond, past the last classical nymph and the oasis's last spring, beyond the redoubt of the garden, the disorder of the wood. And there alone do you find the romantic garden.

Many splashes of public greenery in the middle of densest Barcelona are the result of turning noble houses' gardens into communal spaces. An extreme example of this is the Labyrinth Park. But this is equally true of some smaller spaces such as Mandri, behind the Palau Robert and in other parts of the city. This could be well-illustrated by the Amèlia and Cecília villas on the edge of Sarrià, a noble old property that has become two thanks to a street and political requirements. These transformed private gardens are the reign of the baby-buggy, the highest concentration of young mothers per square metre after school hours. The wealthy districts also have maids attached to some of the prams in a scene straight out of a zarzuela – all that is missing is some gallant soldier. All over the place, running rings around the buggies are some of their recent inmates running after one another in continuous games of hide-and-seek. And dogs. And then there is the occasional happy loving couple. But these calm, slow-moving bourgeois spaces with their background music of bells tend to be over-occupied, overly-laid-out, with too many paths and avenues, thoroughfares and car-parks for perambulators, circuits with go-cars moving in all directions, but not at greatly differing speeds. Benches, slides, palm-trees and flowers – but more than anything, buggies. The Corporation has decorated the place with sculptures that are there only to be sketched.

Childhood is summed up by something specific for each of us, some colour or taste. I am from Pedralbes, and there I find childhood. Some welcoming carob-trees, the sweet smell of carobs lying on the earth. Of course, pines would be more normal, they are traditional, they have greater prestige. And a few solemn cypresses in a garden, pruned, lining the gravel path, of a fine gravel, grainy, black and white as though of soft old granite. For an instant, entering Oreneta Park, a carob-tree and a fountain, a gravel path leading to a yellowed house, bring my childhood back. That is to say, to the Misericòrdia Park in Canet, run like mad towards the cypresses, suck at the iron fountain where you have to blow to make it spout, find what Granda used to talk about: "After the war, we used to eat carob-pods like these, we made chocolate from them". And this is when you notice that when all is said and done, Barcelona is the Maresme, a city built around a gully running down from the mountains. Before it took over the whole plain, there must have been a landscape of "hills covered with pines and vines, dust from the gulches". For just a moment, right in Barcelona, I come face to face with a childhood from elsewhere. Just a moment later, all that are left are just some worn wooden benches, a road with cyclists, some barefoot boys chatting and playing football. A modern park. But for just one magic moment I dunked the cupcake in the linden-flower infusion. There must be a eucalyptus tree somewhere; although I can't see it just now.

These are the squares of an ordinary people's town. Amid the vitality of young, working-class Gràcia, but also having the intense calm of a provincial town on a Sunday afternoon, the squares are simple, strict squares – maybe too simple, too strict. This is a neighbourhood in the human sense of the word. But even more, it is a town. The streets are full of exceedingly rooted southern animation – we should not be surprised that Gràcia has its patriots. This effervescence takes a breather in the squares. These squares are for reading the newspaper and talking about one's life. Untidy, a mixum-gatherum, like the world. Ordinary people stroll by, work there, take a break, pause from the rush, let their hair down at the local festival that merits the traditional adjective of splendid –

partly ironic, partly endearing – or at night in youthful displays of fun and rebelliousness in the shadow of the old, republican, anarchic bell-tower. These ordinary people are so normal, so familiar that you imagine you could ask them for anything except epics and literature. But quite the opposite, one of the city's greatest concentrations of literature is to be found here, in the names of the streets and squares: Plaça del Sol, Carrer de la Perla, Plaça del Diamant and so on. The fine world of the best Rodoreda. The title of that extraordinary novel that could not be called "Colometa" because that would have been too soft, too falsely sugary, so that she called it *La Plaça del Diamant* which is harder and has more corners. That is how it is: the pleasant world of these squares may hide an epic behind their mask of normality. Even the ordinary people of Gràcia can star when great passions are in the air.

There is a certain Gothic mythology of fineness, of austerity which could be well-illustrated by the silence of Pedralbes convent square. It is not exactly the architecture. Perhaps the flagstones, the sign of olden times, with their exceptional air of the Middle Ages. Not the church, emphatic, square, somehow rustic. It is the atmosphere, all the trees and plants around the square, the willows, the bougainvillaea – there is even an orange tree here. It is the surprise of finding a silent Gothic island of nuns in the bourgeois cityscape of this part of Barcelona where everything was built in the same period. It is entering it and finding the cloister and seeing the nuns and inferring that this is a closed exception of cottage cheese and sweet liqueurs. It is an island, the beauty of islands, of closed worlds which are the whole world. Young people from good families meet in the square, with their dogs which could obviously be trained, speaking in Spanish of holidays in Ibiza and the qualities of various motorbikes, and you notice that something has gone: the silence, of course. The ambience. Because it may be that the Gothic mirage of the square and the convent were not made of stone alone. Nor was it made of silence alone. It was a mirage formed by words, but different words. It is a verbal mirage, like Màrius Torres' one, a mirage of names: Pedralbes itself, which rhymes with vidalbes. And the name of queen Elisenda de Montcada who has an avenue "from Sarrià to Pedralbes". An avenue, a convent and a square that seem to be made to repeat the poet's words "Elisenda is such an attractive name". A Gothic mirage.

A festive, futurist Alberti discovered the epic side to the prowess of Platko (the blond bear from Hungary) when he jumped for the ball from amid the jerseys – red and blue on the one hand and white and blue on the other (the latter belonging to Real Sociedad) in the Les Corts' stadium. In his welcome to the Camp Nou (the new field), Sagarra accepted this heroic image: "Today, blood red and sea blue, you put on your muscular arrogance to excite, intoxicate, inebriate and hug one another". All in all, it must have seemed risible to Pere Quart when he spoke of a "temple to the cult of muscle" or compared the men going out to the stadium on Sunday evenings to a Sporting Carrousel and the Dardo Simultaneous Scorer with a crusade, a military expedition moved by religious reasons, and so one combining epic and mysticism. But even that sarcasm involved a certain recognition: the terrain of heroic emotion is a rectangle of grass where two uniformed armies simulate a battle. And this city's greatest concentration of the heroic in the last fifty years has taken place here at Camp Nou filled with banners, specific banners, the visible signs of collective emotion. The poets were right – the ones who accepted the rules of the game, as well as those who parodied them: this is today's crusade, battle and temple. Here where the banners sway and the chants rhyme. In Barcelona's "open air", the emotional reservoir, the place where the statement is made is a Field that will always be New (its name says so) and it will always be a demand, because the anthem says so. Are there many other demands?

I really must admit that I have never quite got around to entering Trinitat Park. I have passed it by on all sides, looking for a secret turn-off, a hidden sign that would lead me there, but the very best that I have been able to achieve is to do the full circle, while at worst I found myself away off on a tangent on the way to Girona, Mataró or Santa Coloma. Of course, the fault is mine: I have always wanted to enter by car. The trick must be to leave the car and approach it by foot. But I wanted to use my car to resolve the conundrum of this strange space, this island of greenery and water surrounded by asphalt on all sides, so visible on maps and aerial photographs. It is a sort of impossible destination, unassailable, and therefore a paradise, a doorless fortress, nothing but walls. But the people in there, how did they manage it? The answer is obvious: either they were born in there, or they were trapped in there one day and have never been able to escape again, like the castaway in the joke. This is Trinitat Park, an impossible space, a black hole in the circumference, a huge space taken advantage of that has no other meaning than its perimeter. In the past, we used to call these hugely complicated junctions Scalextrix, and they only existed abroad. They were shown on the Pathe News, from the United States and Australia. Now, it is a fantastic aerial performance, or maybe the Great Wall that ensures the inaccessible island's peace and secrets.

Lines on the map. And they seem to be part of the map: a closed angle, a consummate geometrical figure. Be that as it may, a decision taken from a wise viewpoint, at a distance where we find aviators or gods. Of course, I am speaking of the ring-roads, the Rondes, cut into the city's skin and flesh with a razor-blade, the geometry of roads, planning done with the set square and carried out with the scalpel. The Rambla Prim is another of these, a line as straight as the frontiers drawn through desert and jungle by international treaties. The Rambla Prim is an invention, an extremely long line on the map, a geometrical, mathematical need. Because on the ground – unlike many lines drawn on the map – the Rambla Prim comes to life as a sort of linear park, a park stretched from both ends until it became a sort of green thread vibrant with activity, something more than an urban motorway, something more than an empty stage. With the sea acting as a sort of loom weight at one end, and also by the tragic memory of Camp de la Bota. The city and its streets are at the other end. Of course, the Rondes are made for a different purpose. The Rambla Prim, running perpendicular to the sea, crosses a city of its own age, and could have been a main street in the Brasilia experiment. And rather than a Rambla, it has ended up as a three-kilometre-long park.

The Rambla of Poble Nou runs down towards the sea as a Rambla should. It is a town Rambla, in the best sense of the word, like those of the Maresme: it stops for a pause outside the Aliança Casino and continues past shops, terraces and plane trees. But there is one difference. The Maresme's Ramblas become classier as they near the sea. They start as earthen stream-beds, later become tarmacadamed, and end up covered in flagstones and tiles amid benches and banks. Here things are different, the Rambla goes down in class, the earthen part is at the end. And the fact of the matter is that the Poble Nou Rambla runs down towards the sea – you can see this in its Sunday clientele – but it never reaches it. Or to be correct, it usedn't arrive there: it was stopped by a number of insurmountable obstacles, and the beach was not used as a beach. This has changed. And Poble Nou has changed, and the Rambla will finally change too. Now, the Rambla doesn't reach the sea, but it leads to a bridge, not to a barrier. It leads to a simple little seaside park with brooms and pine trees and cris-crossed by wooden paths connecting discreet, quiet little nooks that lead to the sea. A minimalist park of sandy hollows that would almost seem more marsh than park if the urban landscape did not make that impossible to imagine. And of course, because the wooden paths and the out-of-context marine hardware-turned-sculpture remind us of man's thought and handiwork. There is no doubt that this bridge connects the Rambla to the sea.

Building this new Barcelona has involved both large-scale and small-scale politics. There have been large strategic decisions – marrying the sea to the city, developing new centres, to give but two instances – and there have been brush-strokes in a triangle of lost land, sculptures in some district square, unusual choices that make a stretch of street unique. Then, there have been a couple like the one at Clot, in the maze of streets in this old working-class district, which have that variety grown out of a mix of macro and micro, of style and utility, of the enlightened gamble of those in charge and the practical requirements of those making the demands. Half of Clot park is Romantic in so far as the ruins are romantic. It seems an old, abandoned partly-fallen down Carthusian monastery, a legendary phantasmagorical landscape by Bécquer. But this is no medieval abbey: it is the workshops of an old railway-station, but what does that matter – the ruins of old factories, with their arches and chimneys, are romantic by this stage. We are duty-bound to pay our respects to this fragment of our Catalan Manchester. But the other half of the park is a huge open-air sports-centre, with an absolutely conventional layout of trees and benches. Half of the park is intended to win awards, and the other half is for playing in. In brief, variety. Design and utility. Macro and micro. And eighty per cent of people use the ordinary park that does not appear in the guidebooks.

You need a certain degree of arrogance to put yourself in the middle, right in the very centre, of the Plaça de les Glòries. This is a sort of a negation of Copernicus' theory: you feel yourself to be in the centre of some kind of a solar system there, with cars at all heights, in all directions, orbiting around you, your satellites and asteroids. Or if you feel that is going too far, you are at the centre of this burning, torrid sun formed by this system of circles and elevations that never stop in their circular motion, that never come to rest. The Plaça de les Glòries – I mean its centre – would be nothing, a cliche, if it were not for the cars' circular drone: mothers with half an eye on the swings, the squadron of pigeons, the benches that also form a circle, the barren holm-oaks. And the reason is so obviously astronomical, a solar system, something geometrical, circles and orbits, that they placed a conceptual, mineral monument right in the centre of this space, like the terrestrial meridian that ran through Dunkirk and Barcelona in the eighteenth century. Plaça de les Glòries is an astronomical plaza with the city distributed profanely around it. The universe simplified. A system. Almost a cosmogony, and moral, too: this space lies between Heaven – the voluntary, paying, car-park – and the shades of Hell – the municipal car pound where cars towed away lie waiting.

Looking up from the Vallès or from the streets of Barcelona that run up from the sea, you see Foster's communications tower on top of the Collserola, and you feel that this had to be, but that it must have been needed. I mean to say that there is nothing about the tower that makes you feel it is some kind of a whim, or a superfluous exhibition of art or technology. There is not even a hint of artificial simplicity, no attempt at converting it into a huge sculpture with clean lines, pure concept. Nor is there any useless, ridiculous, wish to hide it, to make it seem that it is not there, to pretend the impossible, that it is somehow natural. A tower was needed and a tower was built. Slim, pointed, because it had to be tall but there was no need for it to be bulky. So maybe it is this functional sincerity that makes Foster's tower seem normal, logical. It doesn't upset one. One could make a caricature of it as a syringe, but it was only right at the beginning that any criticism was made. Foster's tower has become part of the landscape, it improves the landscape, and from the Vallès, it has turned the Collserola into the central park or the main square of this huge city that surrounds it on all sides. Was this the intention? Whatever the answer, it has not become a monument, it is not a symbol, it is not the city's emblem. It's up there, amid the greenery of Collserola, because it was an absolute necessity, there because it had to be. And there it is.

Nowadays, the open air is sportsland. Today's park is the stadium rather than the garden or wood. Even more than the stadium, it is rows of tennis courts without terraces, the hired football pitch, the territory occupied by communal sport, given meaning as a place to exercise. On Montjuïc, on the way to La Fuixarda, the various levels of the quarries and the roads have been taken over by mountaineers practising climbing, taking you by surprise as you come out of a tunnel or round a bend. The Ciutadella is a jogging ground more than anything else. But it is in Vall d'Hebron – completely unlike the real Hebron – that the business comes into its own: here open space, the park, the garden is the space between the sports facilities. And sport even occupies this intervening space. The paved footpaths are skating rinks. The children's playgrounds are American tracks for adventure gymnastics. Vall d'Hebron – and Can Dragó too – is a modern park, organised and laid out for practising sport, a place dotted with tracks and sports monuments. Set among river reeds and tropical palms are lookouts that are really terraces, open spaces carpeted with the artificial grass used in stadiums. This is the land of what we could call fraternal, everyday, sports for everyone. The land of small-scale sports. You may well tell me that is how things are, that sport is what moves people, because on this occasion, Barcelona has moved to the sway of the Olympics rather than the Exposition. True. But sport is also today's idiom, what we organise our life and our times around, it is our synonym for the open air.

Saint John's Night bonfires used to be lit (in childhood and in the countryside) in dry river-beds, on forgotten earthen sites, and on the waste land at the edges of the cities. Where could you light your St. John's Night bonfire in densely urban Barcelona, so vulnerable to fire and fuel? Well, the empty esplanade of the Escorxador Park is one place, overlooked by Miró's supposed "Woman with bird" surrounded by water at a certain distance from the palms and other trees that inspired Josep Maria Huertas' acid irony: *"It seems more like a wholesale garden centre than a public park."* This may be because it's name has unpleasant connotations; perhaps because it has something of the feel of a precocious children's experiment – the ones that new recruits are the butt of; perhaps because Miró's twenty-metre high allegory is not easy to understand, lending itself to phallic comments; but the fact is that this open space is something of a failure. But not a complete failure. People use it. Miró's statue is difficult to interpret, but easy to recognise. And you can have your Saint John's Night bonfire here. They can't be made just anywhere. And this is a plus. And what is more, in the light of the summer solstice's bonfires, Miró's "Woman with bird" takes on the magic of a giant statue of a whistle or of a towering megalithic maritime goddess, bewildering and imposing.

Cities' wounds heal. Their edges also become rounded, the most jagged cuts become worn, they end up adapting to – or just putting up with – the violence of the blows. Everything seems equally old in ancient cities, even though they have been built over a period of centuries, even though the pieces of the jigsaw may be as distant in time from one another as we are from a Baroque cathedral. There is an effect of sedimentation, of mellowing. A sharp, violent cut was made in the Old City, a wound, by the shining white knife of Richard Meier's museum, a contemporary art box prior to being filled with contemporary art, and the wounds are still festering. A glacial steel cut in buttery antiquity, the edges are abrupt, bare, dry pavements for skating or playing football on, a desert separating one group of things from another that has still not mellowed, has still not blended in, a stone square to isolate the monolith of whiteness. You arrive through narrow streets with the washing hanging out, and all of a sudden, this Nordic overstatement of clarity, this floating iceberg, this white blow, and the multicoloured children from the neighbourhood kindergarten walking there alongside it with the subtitles of their exotic names. The question is, being so white, so clean, will it be able to age? That is to say, will it be able to blend in?

There just had to be a square at the very top of the Rambla. When a city bursts out of its straitjacket, when it leaps over the hoarding to take over the whole plain and cover it with a symmetrical grid, it needs a big nexus, something huge to join the medieval labyrinth of constrictions and nooks to the spacious, hygienic planned city. But Cerdà did not design this nexus. On paper, there is no square, no utopian nexus of the 19th century shown on the plans. But the city demanded a square, as though the square was a categorical requirement of urban geography. So, Plaça de Catalunya came into being as though surmised, guessed, rather than as a drawn, assimilated, decreed one. And in the intuition, a square is nothing, it is a negation, an empty space. Maybe that is why, because they kept leaving it till later, because it was only surmised, Plaça de Catalunya has ended up feeling barren, complementing the barrenness of the sea at the other end of the Rambla. This feeling of uninhabited wasteland, a square for outsiders, where tourists take a rest, a land of tired visitors who are recovering their strength before conquering the fortress of the old Roman city. A square with no natives, unoccupied, too much. A square that was not in the plans and which the plans that always seem to have been made afterwards don't quite seem to suit. A square born of a negation, of an emptiness. A square for outsiders.

The Terrassa train, the underground one, the Catalan Railways one, used to leave us at the entrance to the Zuric, at the threshold of the Rambla that runs down to the sea where the tourist boats are, at the entrance to a huge square. We even had our own radio program: "The county comes to visit". A trip to Barcelona on a sunny Sunday, from Terrassa, passing a rosary of stations on the way – Peu del Funicular, Sarrià, Tres Torres, Muntaner, and finally, Barcelona. Narcís Comadira wrote a poem about these wide-eyed childhood outings to the big city:

Seen from Girona, Barcelona
you were the city of dreams...

For many of us, the city is the photograph of a child among pigeons in the middle of Plaça de Catalunya, Barcelona's huge vestibule, the entrance to a city which made those from elsewhere say ironically – but not just ironically – what the grandparents said: "Oh, Barcelona is big ... and they are still building". When we used to leave the train at the Zuric, the world had changed scale, everything was big, just as Plaça de Catalunya and the banks and commercial buildings surrounding it were too. "Take a photo of the child with the pigeons". A little grain and the pigeons posed while the child had his picture taken, in an act of taking possession of this dream city from the centre of that huge square.

In a city whose interiors are more beautiful than its facades, and where ostentation is looked down upon as a vice, there have been times when the Passeig de Gràcia has suffered from a poor image – it has been considered as a pretentious, artificial appendix to the discreet mesocratic grid-pattern of a Barcelona that abhorred seeming nouveau riche. But now that time has given it a glamorous, cosmopolitan feel, now that a degree of exhibitionist sophistication enjoys greater prestige, the Passeig de Gràcia has gone up in the world as show-place of the city's visible wealth:

Now you can see whether it is courteous
to watch the ladies calmly strolling,
all dressed up and sporting rich jewels...

Of course, Carner was 19th-century, and the Passeig de Gràcia was in vogue then. As was art nouveau, which looked to Europe, and whose most splendid, ostentatious, even brilliant, facades are here: the "block of disharmony"; La Pedrera, caricatured in "El Be Negre" as being a hangar for zeppelins. Olympic Barcelona is in love with the Passeig de Gràcia, too, the shop-windows, the cafe terraces, the new cafes that have sprung up, terraces full of foreigners, where bejewelled ladies might not stroll, but where the city's most sightly, most aloof girls can be seen passing, nonchalantly got up for a stroll:

Now you will see whether this is fortune,
now you will see.

Even in the middle of the constricted grid of the Eixample, the city breathes and is thankful for the boulevard's splash of greenery. The footpaths are wide and the chopped-off corners are spacious. When the weather improves, tiny bars with their menus advertising paella on Thursdays take over their section of the street. These are not quite terraces, that would be too fine a word. They have a half-dozen silvery tables screened from the traffic and its noise by a barrier of parked cars. There, those who enjoy the short summer working day or the strange Mediterranean custom of the split day with its long midday break, finish their lunch with iced coffee and watch normal folk pass by on their way to ordinary places. Here on the wide footpaths of the Eixample – precisely geometric on the map alone, and rational only for the car-driver who does not appreciate the two-way street – Barcelona constructs ersatz boulevards from workaday, familiar streets of no special importance. A chamomile on the silvery plastic table-top, between shops and badly-parked scooters, with a backdrop of techno music coming from the sports-cars with their hoods down, you look up and see a stark blue sky beyond the six rows of wrought-iron balconies and geraniums. At street level, the locals pass by the expectant shopkeepers on their way to work. And they still greet each other.

Barcelona, obviously, is Mediterranean. But the question arises: which Mediterranean? Whenever an enlightened despotic cultural movement can be felt in the air, Barcelona (and Catalonia) believes itself to be Greek. A concocted, ideological Greece, all white and shining. This is how the 1900's were felt here, and the clear lines and simple program of Olympic Barcelona was also partly so. But when Barcelona lets her hair down, when it happens from the bottom up, it is less Greek, more Semitic, Baroque and less uprightly Mediterranean in nature. According to one legend, Barcelona was founded by Amilcar Barca, by the Carthaginians rather than by the Phocaeans. The Greeks stayed in Empúries. These legendary founders of Barcelona came from the south, with their charged, baroque, southern character. Something of this must have remained. This city is neither Atlantic nor northern, although some of its buildings may be so. Nor is she tinged with the uplands and the plateau – there is no room here for an Escorial. Barcelona's light and feel are Mediterranean, but her Mediterranean soul is more romantic than classical. Her princes fit her into Greek dress, with its austere lines. The shopkeepers (Carthage grew out of Phoenicia) abandoned themselves to curves and flourishes. Barcelona is more Art Nouveau than 1900's. And in so far as this is true, our beautiful new Barcelona is to some degree artificial plagiarism.

Those who lean out from wavy viewing point to find the towers and cranes of the Sagrada Família between themselves and the sea have hit the nail on the head. This gathering of exotic travellers did not go astray in coming here in search of our particular wonders, luminous and colourful, when they climbed up here and stopped in that large empty square which is just crying out for a market, or sit on those benches, curved as an animal-skin, and write of or portray our exoticisms. Gaudí – and Jujol too, but they do not know this – make us exotic because they make us unique. This is what we are exceptional for, this is our folly. Our art nouveau is not at all bad, within the conventions of art nouveau. We demolished everything Romanesque in our city centuries ago, and our Gothic is not worth writing home about. Our uniqueness, this strange, unfinished Parc Güell, this esplanade held up by off-centre columns, this alternative plant-life, these two fairy-tale houses with their shiny coats. Gaudí's world is so strange, you sense such great visionary strength in the amphibious shapes of its wavy lines that you are obliged to believe in an obscure, mysterious, preconceived plan, a secret code and an esoteric symbology. But maybe it is no more than the boundless depths of a strange genius which detests symmetry because it is the excuse to only think of one half. Or perhaps it is the barrier to being able to think double, to be able to do double, to double what you get out of a space. The visitors are not wrong. This is our exoticism. Maybe this is what sums us up, too.

Squares are also good places for getting a perspective on power. A square is an empty space in front of a facade. There are facades that demand a space in front of them, a space where you can stand back – maybe walking backwards, as at the Wailing Wall – to get a view, to notice its nobility or majesty. Squares tend to be in front of facades emanating power, such as cathedrals and palaces. Both at once, in a number of Italian cities, as though heaven and earth were competing for this common stage become a chessboard. In Barcelona, Plaça Sant Jaume is doubly a square. It is a space between two facades, where you can see both, or for them to look at one another. This space with its opposing facades stages a confrontation, whatever combination the varying political situation brings about. What is more, the other two sides, the ones that finish it off, are split by streets, and completely unremarkable. This chessboard with its two players – neither religious – this solemnity involving two powers together cannot be terribly old, it cannot be more than a century and a half old, although it coincides with ancient Roman centralism, and to find the space, had to do without religion. The square is empty, a no-man's-land, except when the populace takes it over for epic celebrations. This space loses its frontier quality then, and full, becomes a bridge.

This is not palm-tree country. The palm-tree by the back entrance to a house, by the well, and perhaps, but the pergola, by the arcaded facades and terraces was colonial. It was the sign of nostalgia for the tropics, for houses painted the colour of sweet fruits, white panama hats and a huge palm-tree, alone like a flag-staff, the green banner of a distant, imaginary island. "Divine pearl of the Antilles, while I live I shall never forget...". Sisa got it just right in his "Antaviana", better than the real *havaneres* – if such exist – because he sums them all up. But it seems that the palm-tree looks good in architects' models and drawings, they can't be dear, they must manage to survive well in the hostile city. And so Barcelona has become a palm-grove amid the asphalt, a palm-garden, the palm symbolises a new aesthetic, palm-trees have been planted absolutely everywhere. It may be that this twentieth-century, slightly cold city needed something of the tropics, even if only as camouflage. Maybe the south that we, too, belong to has demanded this as a mnemotechnique to remind us that it exists. Nowadays, palm-trees don't just recall the Caribbean siesta of hammocks and coffee, it also evokes the oasis, the green exception amid asphalt, growth between areas where nothing can grow. And even more so an oasis in the sands of Barceloneta where Barcelona has decided that it no longer wants to be Marseille, Pireus or Naples, substituting southern disorder with the order of a postcard oasis.

We are in Havana. Maybe not the real Havana, maybe the most genuine Havana of them all, the one of memory and myth, Havana retrieved and renewed in the memory, Cuba of the *havaneres* with its pastel-coloured facades and its palm-trees. If you look out of certain windows, and depending on the direction of the evening light, the Plaça Reial can have a colonial feel to it, as though ex-colonists reproduced it as a longed-for, easy world to live in. Maybe it isn't the whole of the Plaça Reial, but just some of its corners. There may well be other Barcelonas fleshed out of dreams and memories of the tropics: houses in Sarrià with their tropical palm-trees, the arcades of En Xifré, the whole area around the Born... But the Plaça Reial has gradually become the best illustration of this mythology, the buildings from the middle of the last century, the colours and plants and usages that have come to be added over the years, as well as the new ground-plans. Nothing that might remind one of a convent's austerity or of holy ground. Seen from some windows, this is Havana, a tropical city. At street level, from the arcades where the police are on the watch, as are the loafers and shoe-shines and wasters, it is just a southern city, and could even be further south than Naples or Palermo. These dislocated people who seem to be waiting for whatever have something from still further south. The buildings with their rhythmic, rational, frenchified architecture seem more northern. When you come down to it, Barcelona is equidistant. Halfway to everywhere. Even to what can be remembered but may never have existed.

Who could ever imagine becoming a statue? Who was the first person to think that dressed-up stillness could be an attraction, one that could earn money? And then one day, the Rambla became a gallery full of statues, an ironic return of History. First, many years ago, someone decided to use stone to imitate humans. Then, someone thought of imitating the imitation: a person imitating stone copies of people. All you have to do is choose the character, to become a new statue, because the real originality was the concept, the novel idea: being a statue. That's what was cool, and fundamental. Strolling down the Rambla, through its mixture of foreigners and locals, on business or wide-eyed end-of-term excursions by students' from foreign colleges, you pass by a variety of would-be classical human statues, proper statues, nothing strange or modern, epic marble-white or metallic-golden affairs. The college groups wearing uniforms of football jerseys and denim jeans – conventional adolescent dress – stop in front of them and look at the statues as they never would in a museum. A family passes by and gets their little girl to leave a coin in the hat, saying "Don't be afraid, it won't bite you". The little girl steps forward, fearful, across the empty circle of paving stones left by the onlookers. She puts the coin down, the statue makes a brusque movement in thanks, the little girl is startled, and in spite of all they know, the herd of teenagers – and we, too – are surprised that these statues can move.

They dance sardanas in the Cathedral Square on a fine Saturday evening with a diaphanous light: this is the image of a myth. Not of a lie – it exists, it is real – of a myth, of a selected, improved reality. What would not do, for instance, would be a human castle day – there is an element of the epic in the castle, they are baroque, untidy, too exaggeratedly dramatic for this myth, although not for some other myths. The camera-bearing Japanese must be present noting the perfectly-formed rings, you can see that there are competition groups here, as well as the happy improvisation of the more precarious rings. The people are young, beautiful. There is a touch of theatre, something of the stage to be contemplated and admired. The cathedral seems Gothic and the square is empty of cars, the music repetitive, flowing, and the rings copy the sun on earth, the magic circle. It seems so obvious, so clear, so primitive, this round dance, holding hands, getting the steps right, sun-rings, systole and diastole of the heart. Sardanas in the Cathedral square to feed the myth of civility, young people dancing old dances, tradition and life, landscape and action. Harmony without stillness. Well-being without tragedy. A happy world. Myth, not falsehood.

There is a whole world below the Plaça del Rei, a maze of Roman houses, of arcaded streets, of the foundations of walls and palaces, of the oil mills of a trading and agricultural town. An invisible city that the archaeologists have interpreted with a series of lights, below the plain flagstones and staircases of a pure, clean square. Cities built on top of cities, with bits of older cities hidden in their bellies. There are busts of marble statues, frightened or worried, from the flattened walls of the city of 300 AD. The foundations of the medieval walls made use of Roman gravestones. The ashlars of the medieval houses are Jewish funerary monuments. The city is knocked down on top of itself, is built of ruins, covers any remaining walls with ruins. A maze of razed buildings, as though nerves or entrails. And all of a sudden, on top of it all, a neatly-laid-out square, stretched like a skin hiding the confusion of viscera and flesh. The Plaça del Rei is a severe, minimalist square among royal Gothic and the early skyscraper of King Martí's lookout, which did not exist when King Martí was looking out. It would seem more of a courtyard than a square if it were not for the upside-down amphitheatre of the stairs leading to the Tinell, a place to sit, to listen to improvised serene music. A square from the past, from times past. Below, other times past, complex, razed, secret.

A city is a stage, too. In other words, a backdrop where events, action, takes place. History has made its appearance in big cities. Barcelona has been the backdrop for battles and reconciliations, of occupations and victories. It is not that terribly long since Plaça de Catalunya was a battle-ground – just over fifty years ago, but there is nothing to tell you that. Barcelona does not wear its history on its sleeve; its history as a city, yes – its growth and its transformation. But not the historical events that have taken place here, it is not full of commemorative plaques and monuments. This is why the Fossar de les Moreres in the chaotic old district of the Raval is surprising: it is one of the few spaces in the city that informs of what happened there. The events of 1714, the defeat, what appeared to be the end of the nation, have been securely bound to this piece of cityscape, and romantic pilgrimages of mythical rediscovery of the past have brought it back to life. Again, this sober, minimalist architecture forming the monument that highlights the exception and its link with our memory: when all is said and done, the Fossar de les Moreres is a co-production of the past and the present, a mixture of what happened and the likeness that we have constructed. Pitarra's two lines with their consonant rhyme, say as much:

Al Fossar de les Moreres
no s'hi enterra cap traïdor...

which means: "No traitor is buried in
the Fossar de les Moreres"

It may be that the dry, primitive, basic place-names of this part of the city may have helped: Carrer de les Dames (Ladies' Street), Plaça de les Olles (Saucepan Square), Fossar de les Moreres (Mulberry Cemetery). Here, there is something that is just asking to be remembered.

Barcelona is not a grandiose city. What I mean to say is that we are not surprised by the scale of things, by their size. Big capital cities of States (note the capital letter), cities designed by Princes have great spaces. And if they do not have them, they are made by order. Take Paris, for instance. Colonial cities, too, those that conquer new lands. But Barcelona has nothing very big. It is a city built from the bottom upwards, a city of private individuals, and what is more it is hemmed in between the hills and the sea, and every square yard has its price and is made use of. Rarely, from time to time, in some dreamer's brainstorm that makes the city grow in leaps and bounds, Barcelona increases in size and open spaces worthy of a powerful capital city come into being. Universal Expositions and Olympic Games have filled out this city of bourgeois and tradesmen with courtly brush strokes. But the city does not always take to these. For example, the Triumphal Arch at the top of Passeig Companys is worthy of a capital city. Born of the Exposition of 1888, the arch – leading to the Ciutadella, leading nowhere – tops off an important, solemn, wide, haughty space. But whatever the reason is, this space is somehow cold, a little out of place. And this is in spite of the fact that Vilaseca tempered the Triumphal Arch's imperial classicism in paying homage to the humility of the building process: he made it of brick. His way of making it fit into Barcelona. But maybe – whoever saw a Triumphal Arch made of brick rather than of noble stone – he didn't get it quite right for Barcelona.

Monseigneur Cinto must have had his optimistic moments. Looking at the dominating prepotent shape of Montjuïc overlooking the submissive plain where the city stands, monseigneur Cinto imagined a father-son relationship:

When I look at the squat shape of Montjuïc,
I seem to see you in the arms of gigantic Alcides
who to keep the daughter born out of her side
would have changed into a mountain to remain here.

From elsewhere, from the sea, from the whole length of the coast, Barcelona's profile is that of this hulking mountain overlooking the city. Father or daughter? That depends on what we mean by fatherhood. In the traditional way, maybe. Fatherhood as shock, brake, vigilance. "Guard your daughter" as a prison warder might. Montjuïc Castle limits Barcelona. Recalling Espartero's bombardment in 1842, Pere Calders, with his experience in the field, wrote: "I imagine that his artillery didn't need to be first-class shots, because the castle is better situated for shooting at Barcelona that for protecting it". This castle on Montjuïc a father? More likely a step-father, the friend and ally of that person "known to" Manuel Azaña who prescribed a dose of the rod every fifty years for this daughter-city, a rebel, anarchic, bad-living daughter who needed to be taken in hand by the malefic, military mountain on the skyline with its sinister profile.

Some time around the eighties, when the new Barcelona was begun, someone must have designated the whole area around Sants Station as a zone for town-planning experiments. The experiment involved making useful squares that did not seem to be squares. It involved taking over the land belonging to the old factories and turning them into the open spaces demanded by the locals while remembering that they used to be factories. It involved making sculptures for playing on that doubled as city monuments. It involved combining the old and the new. The Plaça dels Països Catalans, just iron and tarmac. The Parc de l'Espanya Industrial, greenery and water among the pink-painted remains of factories. Nagel's Dragon, both sculpture and slide. The whole is vibrant with innovation, with experiment. Of course, now we see them as being a little rhetoric, somewhat inflexible. The risk taken by pioneers. And maybe the square shouldn't have been so hard, with no amenities at all. And it may be that the towers around the park are too pompous – they are too watchful. There is too much of the concentration camp about them. And perhaps there is too little of the area's 125 years of industry. Maybe others would have done it better, would have found better solutions to the same problems, more varied, more paradoxical, rounder, better combined. But that is because someone had already begun the experiment here. And in spite of everything, kids play on the dragon, skaters use the square and there are model boats on the lake in the park.

"When the people of Barcelona spoke of the Park - *'el Parc'* - until very recently this referred to the Ciutadella park". This statement by Josep Maria Huertas contains a number of observations. In first place, that this city which was miserly with its land (Huertas even says as much) didn't have any other park for a long time. In fact, a great revolution was needed, and a degrading military fortress had to be demolished to make room for it. But there are other qualities than being the oldest and, for long, the only park that earned the Ciutadella the name of Park with a capital P. There are the variety of meanings attached to the word. The Zoo is the Zoological Park, so that the park where the zoo is is doubly a park. Furthermore, the Ciutadella is the epitome of a park, as though taken from a manual, with all the trappings of the 19th century: it is a botanical and a zoological garden, it has monumental lakes and fountains in the style of Versailles, a wee temple for Sunday-morning concerts, boats and statues... All of the cliches attached to the park, there is all this homely, slightly cloying poetry attached to the word, just as there is to the word "circus". And as this park was symbolically snatched from the militia, with the arsenals becoming museums devoted to beauty and a democratic parliament, the people use it as a park. They stroll there, they take photos there, they go there with their snack on excursions with from playgroups and schools. That is what a park is. So that now we do not know whether the Ciutadella is the model or just the best-studied, most disciplined embodiment.

A nineteenth-century Barcelona exists that seems to be out of an enlightened, Parisian dream. As a reader of Jaume Cabré's novels, I notice a certain blend of science and the masonry, with its musical, experimental, collectors, entomological background. The centre-point of this dream is the long facade of the Ciutadella facing onto Passeig Picasso, from the Zoological Museum to the Umbracle, the scientific, enlightened, ordered and ordering face of 19th-century Barcelona. The whole park is a little bit like this, from the geometry of the flowerbeds to the stone educational mammoth. But this retrieved set of contrasts between the glasshouse and the shade-house, these two fragile constructions, these two frontier lands between interior and exterior Barcelona. The light, Northern, fragility of the glasshouse, where light is increased, Viennese, Central European architecture, to make the most of every ray of northern sunlight. The magical tropical fragility of the shade-house, a land of sultry jungle, of superabundance of growth that has to be protected from a burning sun. And both of them have this cast iron, that idea of collection, an Exposition of the exotics of the Universe. The glasshouse and the shade-house show the 19th century to be an optimistic one. Fragile, but optimistic.

Marvel Mountain in the city of wonders. One just had to come to Montjuïc, wide-eyed children holding their parents' proud hands, to visit the Fairground: for years, Montjuïc seemed to me to be a nickname for the Fairground. We had to come to pick up prospectuses and samples at the Fair, and of course, this etymology stuck, there was this exhibition of wonders, a big fair, lots of samples, come in ladies and gentlemen and see all the latest developments in science and technology... I suppose that all the samples in the fair, with their exoticism and inventions were no more than dog-eared versions of the Universal Exposition, and each Fair the diminished, recurring heir to its prestige. And its collection of marvels along with it. What else is Poble Espanyol, if not a stone fair, samples on show? And Buigas' fountain, water and light, come and see the latest marvel of the universe? What else is the somewhat cloying magnificence of Palau Nacional? With the Exposition, Montjuïc became specialised in marvels, and every year, we made the pilgrimage to this marvel. And the Japanese stand – to take an example – became to some degree the successor and the heir to the illuminated fountain. Later, we found other marvels – Miró's childish magic, Mies van der Rohe's upright prodigies, when they were revived, Olympic fervour. But it all goes back to that wide-eyed excursion to collect leaflets and see the wonders of the Fair on Marvel Mountain.

There is something of a wink and a nod, an irony, a degree of collusion in the decision to retain the shell of the old Montjuïc stadium and rebuild it from the ground up inside. There is such a thing as the interesting answer that goes to demonstrate the existence of a previous interesting question. The old shell of Montjuïc stadium was not particularly beautiful, but neither was it ugly. There would have been nothing scandalous, nor impossible, nor even expensive, about demolishing it and building a brand-new one. But they decided to keep the shell, do it up, rebuild some parts of it, look at certain other bits in a new way, retain and mix. This means that someone, lots of people, had been asking themselves questions about the past and the future for a long time, questions about roots and branches, about tradition and innovation. I do not mean tortured, obsessive questions, but they were obviously made. What do we do with what we have? What should we do about what we are? How does this help us and how does this limit us in achieving what we want to do? You enter the stadium through a doorway from the twenties, under an old clock and a statue in the classical style, and inside is a typical modern interior. An old jacket enclosing new contents. And you know that someone has asked questions, and that someone answered that memory and the past are not entirely dead and useless, but that it would be ridiculous to live your life in them. And at that point, someone began to build.

But if Barcelona has been raped by Montjuïc's male, military violence every so many years, the city has equally frequently tried to seduce and temper the mountain, to enfeeble the castle, to make it its own, to remove its fortress quality and replace this with a familiar, friendly, park-like tenor. This was tried in the days of the Universal Exposition. It was repeated with the Olympic Games. Father and daughter, in Verdaguer's metaphor? Well, at least a transformation from a crab-faced, severe step-father to a friendly, involved father. Seduce it by laying it out, by building, by scaling the walls, by planting gardens where the trenches were.

Alone up the mountain, now close by the castle,
close by its trenches burnt by the shootings...

Thus wrote Gil de Biedma in his dream of a city redeemed by the Murcian proletariat, against himself, against his parents and also against the middle classes that lacked either heroism or elegance. This may have been the revolutionary option. But what the city decided to do was to strew the mountain with stadiums and pavilions and museums and roller-coasters, with leisure and sport and culture whenever the city rather than the castle has been in a position to choose, civic spirit rather than the gun. In 1929, when the end of the dictatorship was in the air. In 1992, when the democratic city was bubbling over. Periods of seduction. When physical force is in power, when guns rule, Montjuïc – our old Jewish cemetery – becomes a fortress and houses poor young men. Symbol of a hostile power, of coercion.

The Olympic Ring has not aged. Of course, it is very recent, but it is precisely the newest things that age fastest. That squalidness – it just takes a short time for the walls to begin to yellow, when everything begins to take on a patina of damp and dirt – of things that have no other merit than that of newness. The buildings of the Olympic Ring have not aged, but there is nothing odd about that. However, the esplanade, the pink stairs, the lampposts, the plays of water between the stones have not aged either. And that is more remarkable. The esplanade continues to be a splendid, magnificent space. The domesticated orange-trees, the iron trees, a clean, orderly, somewhat icy futuristic landscape. The fact that the Olympic Ring has not aged is due mainly to it not being abandoned. The speeded-up deterioration of man's work in the absence of men. But also because its various profiles have stood the test of time. Palau Sant Jordi cannot age because it is timeless, essential, it has an eternal simplicity, like the pyramides – yes, I know, I'm exaggerating. The stadium was old already, which was an insurance against its aging because it had already survived: the shapes that had already been accepted, assimilated, of the chariots above the entrance. But there are other views. The green of Montjuïc, the airplane that takes off beyond the walls that hide the cemetery. It is all timeless.

Amid the pines, there are what resemble a series of ships' prows made of aluminium pointing towards the evening sun, towards the empty asphalt of the Sot del Migdia, maybe awaiting some night-time flare. There is a couple in each of these viewing points, in silence, head on lap, in complete solitude. Lying on the path, there are two teenage girls shouting out love-songs as though that were normal, as though they were on the beach. This amphitheatre where the original quarry can still be made out might appear to be a primeval wood, worrying in its solitude, if it were not for its soundtrack of cars. Given complete silence, the calm of the pinewood would be marvellous, with just the right touch of fennel, cypresses and holm oaks. But the city is very close by and very difficult to forget. Below the wooden viewing points in ship shape is the hard location where concerts and festivals are held. There is no-one there, and we are too close to everywhere to find this solitude natural. The couples on the hidden benches return, and you look anxiously at the gentle slope that closes the Sot on the seaward-side, a wall of intense green that serves as a wall for this construction that is paving and nothing more. You are aware that behind the wall is the quarry cemetery, the knowing site that remembers both the anonymous and the named deaths of those who met their end there, the heroes and the martyrs. That is the reason for the solitude of the park, this peaceful refuge for couples. How close together they are, these two sites, of drama and of calm.

In spite of the myth of prudence, Barcelona has a surreal, extravagant soul. But this is extravagance grown out of prudence, the "hidden truth" of Calders, our Mediterranean Kafka, a surprise issuing from the workaday. This may be why our most daring metaphors come from a pastry-chef poet from Sarrià. Or the son of Pere Quart's widow, the epitome of bourgeois mediocrity, declared himself an admirer of surrealism's leading name: "... but I believe that Dalí/ is a genius and paints things/ and one understands what they mean." The same mechanism, moving from prudence to extravagance, such an ordinary place, such a dearly loved everyday location as Font del Gat has inspired such obviously visionary surrealist works. Of course, I am thinking of that marvellous song of Sisa's:

The children have fun at Font del Gat,
a bullfighter sleeps there, a golden bullfighter.

But there is also the bothersome, strange, baffling song about Marieta, although fitted into couplet form that provides it with a degree of narrative form. Surely this song is surrealist? But this can be seen better in translation. Vázquez Montalbán quotes a waggish version by Quim Vilar:

Descending by the fountain of the feline,
a damsel, a damsel;
Descending by the fountain of the feline,
a damsel and a serviceman;
Ask her what her name is,
Wee Maria, Wee Maria;
Ask her what her name is,
Wee Maria with the perspicacious retina.

Panoramic viewing points' prestige seems to depend on the mania of taking photographs. Coaches stop at these belvederes and tourists disgorge to take photographs with the city in the background, with the city as backdrop for their own photo. The reason must be this: panoramic photos in themselves do not have much to offer. The city is unreachable, confused, like the sea. A viewing point is to view from, of course, to you run your eyes over the view as though taking a travelling shot, but with halts. So what is the point of the photos? Well, they relate the individual to the city, maybe to possess it, maybe to make it one's own. The point is the relationship. It is easy to try to sum up the city from the viewing point, to get an overview, which is the generalisation of what attaches us to it. I look out over Barcelona from Montjuïc, with a pavement of mechanical scrap iron whose meaning is not evident. The city is a soup of reds and greys with the occasional upright standing out: three chimneys close by this side and three in the distance, the Sagrada Família, a series of bell-towers in the Gothic city, the skyscrapers down by the sea. All that can really be made out from my viewing point is where the Besòs river disappears inland, and the marinas inside the Port as though a set of Russian dolls. From around here, Carlos Barral must have made his exonerating resume:

A discreet, noble, hospitable city.
Straight lines, no squares. Interesting, perhaps.
A city, darling, where you and I
would not live happily. And still
one that I am happy to have visited.

When empty, Barcelona's beaches may not seem very urban. It may be that the fact of having beaches at all is the most important event to happen to Barcelona in the last fifty years. They were there, but they were not used as beaches. But this densely-inhabited, full, consummate city never profited from that old paradox that in spite of not embracing an iota of green, the beach is the best green zone. Now that they have been opened up and equipped for use, Barcelona's beaches do not enjoy the dubious benefit of a facade of meaningless, identical buildings such as have been the death of so many towns up and down the coast. The strip of sand may not be very wide, but it is backed by a depth of park and esplanade that distances it from the city. Laid out and therefore urban, because the beach is equipped with pathways and benches for cyclists and strollers too. Urban because it is used by city-dwelling gangs and families, as well as summer-camps who spend the morning on the beach. Urban because it is there and people stroll along it, and it is full of teenagers who go there to play football or to meet the opposite sex, and so from an objective point of view, it is used as a park, a green space, although formed of sand. But nevertheless, the city is not present, it does not have an urban backdrop. This may be why Barcelona's beaches seem emptier and cleaner than you would expect, because in any case the feeling of saturation and filth would come from behind you, from the landscape rather than from the water. And this is what makes the city's beaches what they are, this neutral, distant landscape that has been created behind them.

Barcelona's sky is well considered in poetry. For instance, after the slaughter of the Tragic Week, after the general overflowing of malice (coming up against the other more industrial, more uniformed malice of the lined-up firing squads) Maragall pardoned Barcelona because of her sky, with the same ingenuous naturalness, with the same excessive compassion as the air of an old song saved count Arnau, or a note of last-minute repentance – when it was almost too late – saved Zorrilla's Tenorio at the gates of hell. Tragic Barcelona was saved by her sky:

You are cruel and cowardly and vulgar,
Barcelona, but you are able to smile,
because you are covered by a great sky ...

Whatever could it be that Barcelona's sky might have that another lacks to make up for the inconstant debauch that "hunts down the nun and burns her convent... and you still come back stronger!" Barcelona is not a city of skies. It is not like those cities where the sun sets into the sea leaving golden evenings behind with memories of Súnions. It does not have the enormous sky of the great plains of Castile, and even less so an American sky. It does not have that clear air with neither humidity nor heat hazes. It is a sky like so many others, lovable and Mediterranean. But Maragall's eyes needed to find salvation somewhere, a clean place. Which, of course, says more about Maragall than about Barcelona.

At the end of Franco's regime, with its Obra Sindical del Hogar, its industrial estates and its high-aluminium cement, the city was full to bursting, compact. The demand for open spaces had been a way of rebelling, of sticking your tongue out at the Generalissimo. But it was also an awareness of over-crowding, in this massively, densely built-up area. When the city was being renewed, listening to those who had pushed for this renewal, one had to take advantage, reuse, what we would later call recycle. Mop up this mass of bricks and concrete. New Barcelona's squares and parks are no longer open spaces that have not been built on - they are unbuilt, demolished, reused, and later transformed into squares and parks. Quarries, blocks of houses, barracks, but mostly factories. Huge, useless, abandoned factories from days past when textiles required huge extensions, even whole districts, right in the middle of our cities. Like Terrassa, Sabadell, and Mataró, Barcelona found that it had these reserves of land. Conserve them? Demolish them? Other places have had the choice of putting the question and answering with a certain middle route. But crammed, massively built-up Barcelona was not in a position to let the opportunity go by. This was the answer to the hope for open spaces, which if not intact, virgin, could be filled with air and light. In Barcelona, the word "do" meant "redo".

A day came when we began to walk on the grass. I mean really walk on it, in daylight, without shame, rather than a sandy track through the lawn made by rushing feet in the dark of night. Did they think that we had no civic spirit, that we were a herd of swine who would tear it up? We grew up hearing "Forbidden to step on the grass", a maxim, an authoritarian message, like "It is dangerous to lean out of the window", wooden placards driving the jokes in deep, the metaphor for a world full of inadvisable, dangerous, forbidden things. The grass was to look nice. People who had been in the happy North told us that people made love on the grass. It must rain more there. The grass mustn't get damaged. But one day, we were able to walk on the grass. A day that should be marked in the Annals: like when the Berlin Wall fell, or when man first reached the moon. And Barcelona got its quota of youthful, University grass, the campus really became a campus, fields, like in films. Picnic-green, some people even play with oval American footballs on it. And groups of friends sit on it. And couples kiss and cuddle, euphorically, provocatively, in full view. The grass is liberally, civilly walked upon, used, alive. All of a sudden, we live in the North. The placards saying "Forbidden to step on the grass" are gone. Did they ever exist? Now, we enjoy our grass to the full.

Time makes things undergo one of two processes: either they go downhill to become squalid, or they become ennobled to the point of solemnity. They old Dipòsit de Comerç (a former trade depot) at the inner end of the Port Vell has become the Palau de Mar – Palace of the Sea. Of course, it takes more than time. This experiment has required a face-lift, a sponging-down, to make it unique. It has had to be left alone with space around it. Light has been allowed in, and solitude has made it radiant. The dusty, dirtying operations of trade have been taken elsewhere. A shining, modern museum has been added. And all of this has turned it from being a revolting old hulk into something resembling a palace overlooking the sea. It is sunny, and has a marina in front of it, full of yachts and luxury rather than factories. Its fresh, windy roof, provides a view of a port whose waters have been tamed, condensed, domesticated. Down below under the arcades, at sea-level, is a fine place for lovers to eat paella with a cold white wine and perhaps even for seduction. Having let the sea into its life, down by the sea, Barcelona has enlarged Barceloneta's happy, popular cuisine, and made it more sophisticated. From the beach restaurant to the Palau. If time does not demolish something, it makes it remarkably solemn.

Just think of it: the wharf's beams are used for spiral bridges over cars or over the waters. Or the upright palm-trees that accompany your stroll along this new space won from the sea. An invisible sea, covered over by platforms and grey, bared and covered over again. A closed, port sea with no horizon, but one that leads to what comes and goes, exotic old beams, a whole world. There you have it: old photographs show stores on this esplanade, both roofed and open, with the beams piled up, a place full of mystery involving the epic of work, solitary nights of watchfulness with accordion music, under the rain:

But I have seen the rain,
buckets of it
on the barrels,
and under the roof-tiles huddled, the cost of anguish;
under the firs
and the pines,
under the sacred cedars...

The Moll de la Fusta – the wood wharf – is nothing anymore, an esplanade by the seaside, a fine, intelligent place to stroll, a sunny facade with a flavour of *aperitif* and Sundays. But it is memories that old photos recall, too, of work and the days, rain falling on firs and pines, of all the accumulated stories. And wood wharf is a suggestive name, but even more, it brings a poem back to mind, Salvat's Nocturn, the strength of memory:

There you have it: I have guarded wood on the wharf.
The rest of you know nothing of guarding wood on the wharf...

Nova Icària names a utopia. Icària already is one, and being new makes it even more so. Barcelona's Olympic Village was planned to exist after the 1992 Olympics, and rather than being a neighbourhood, it is a prototype. Barcelona can be rebuilt, but there is nowhere to build without knocking down first. The Games were the excuse for the old disused factories in aged (and although I am not in a position to say so, maybe pleasant) Icària to make way for an allegory to town-planning. It had to be so: it is by the sea and it is called Icària. And more than an experiment, Icària is a proposal. It is not a Catalan-style Défense. New Barcelona's town-planning utopia contains morsels of good old Barcelona. As its name indicates, new Icària is a middle-class, somewhat anarchistic utopia. It is not a State utopia, a solemn utopia, in the French style. Its monuments are not public buildings, cathedrals or museums, directly or indirectly, the symbols of power. Nova Icària is a Mediterranean utopia, and as a result it had to be by the sea, and as a result it is fronted by a quiet port used for leisure purposes, suitable for yachts and restaurants. Then, there is the horizontal utopia, acres of lawns and avenues with pergolas, although these daring metal pergolas do not hark at all back to the past. It is horizontal to such a degree that it needs two skyscrapers to gel – unique, isolated skyscrapers. Nova Icària is a utopia made up of houses and shops, reachable, cold – after so much time? – but in no way Northern. Nova Icària is what Barcelona wants to be when it grows up.